러시아 과학기술의 이해

기억과 미래의 선택

한 국가의 과학기술은 국가의 선택에 따라 달라진다

생각나눔

책을 펴내며

러시아를 이해하려는 노력은 국내외에서 다분히 진행되어 왔다. 다만, 아쉽게도 역사, 문화, 정치, 경제 등을 영역별로 나누어 분절적으로 접근함으로써 총체적인 이해가 어려웠고, 대부분이 푸틴 집권 초기까지를 다룸으로써 21세기 이후 현대 러시아를 이해하는 데에 한계를 보여왔다.

이 책은 과학기술이 사회 속의 다양한 요인과 상호작용을 하면서 형성된다는 기본 개념에 토대를 두고 있다. 즉, 중세 시대처럼 실험실에서 우연히 발견된 것이 아니라, 맨해튼 프로젝트와 같이 정치, 군사, 경제 등을 비롯한 다양한 요인이 작용한 결과가 그 사회의 과학기술에 투영되어 형성된다고 할 수 있다.

과학기술을 살펴보는 것은 곧 사회 전반에 대한 이해를 제고할 것이므로, 러시아 과학기술을 이해하는 것은 결국 러시아라는 국가를 이해하는 효과적인 방법 중 하나가 된다.

지금까지 과학기술을 과학기술자들만의 전문화된 영역으로 간주하다 보니, 국내외에 러시아 과학기술에 대한 서적이나 문헌이 많지 않은데, 이러한 점에서 본 서적은 과학과 사회를 연결하려는 시도로 이해되어야 할 것이다.

따라서 이 책을 읽고 나면 러시아 과학기술의 현황에 대한 이해와 미래를 예측해 볼 수도 있지만, 러시아가 풍부한 자원을 보유하고 있음에도 불구하고 어떠한 이유로 경제성장과 국민의 삶의 질 개선으로 연결되지 않는지, 국제 사회의 비난을 받으면서도 왜 주변 국가와 무력 충돌을 일으키는지에 대해 대략적인 이해가 가능할 것이다.

한편, 이 책은 과학기술 선진국인 우리나라에 대한 시사점을 제시하고자 시도하였다. 현재의 과학기술 역량을 과신하여 안주한다면 그 결과는 미래에 회복하기 어려운 결과로 이어질 수 있는데, 특히 한 번 고착된 환경과 제도는 개선과 혁파에 매우 심한 저항을 일으키는 것을 보여주고자 하였다.

마지막으로 과학기술을 통한 새로운 변화는 무엇보다 젊은 세대에 달려있고, 기성세대는 젊은 세대가 지속해서 성장하고 혁신할 수 있는 길을 제시해 주어야 하는 만큼, 사회 발전을 위해 공존하는 세대 간의 역할이 무엇인지를 재정립할 수 있는 계기가 되기를 기대하며 이 책을 출간한다.

2023년 1월

북한산 기슭에서

CONTENTS

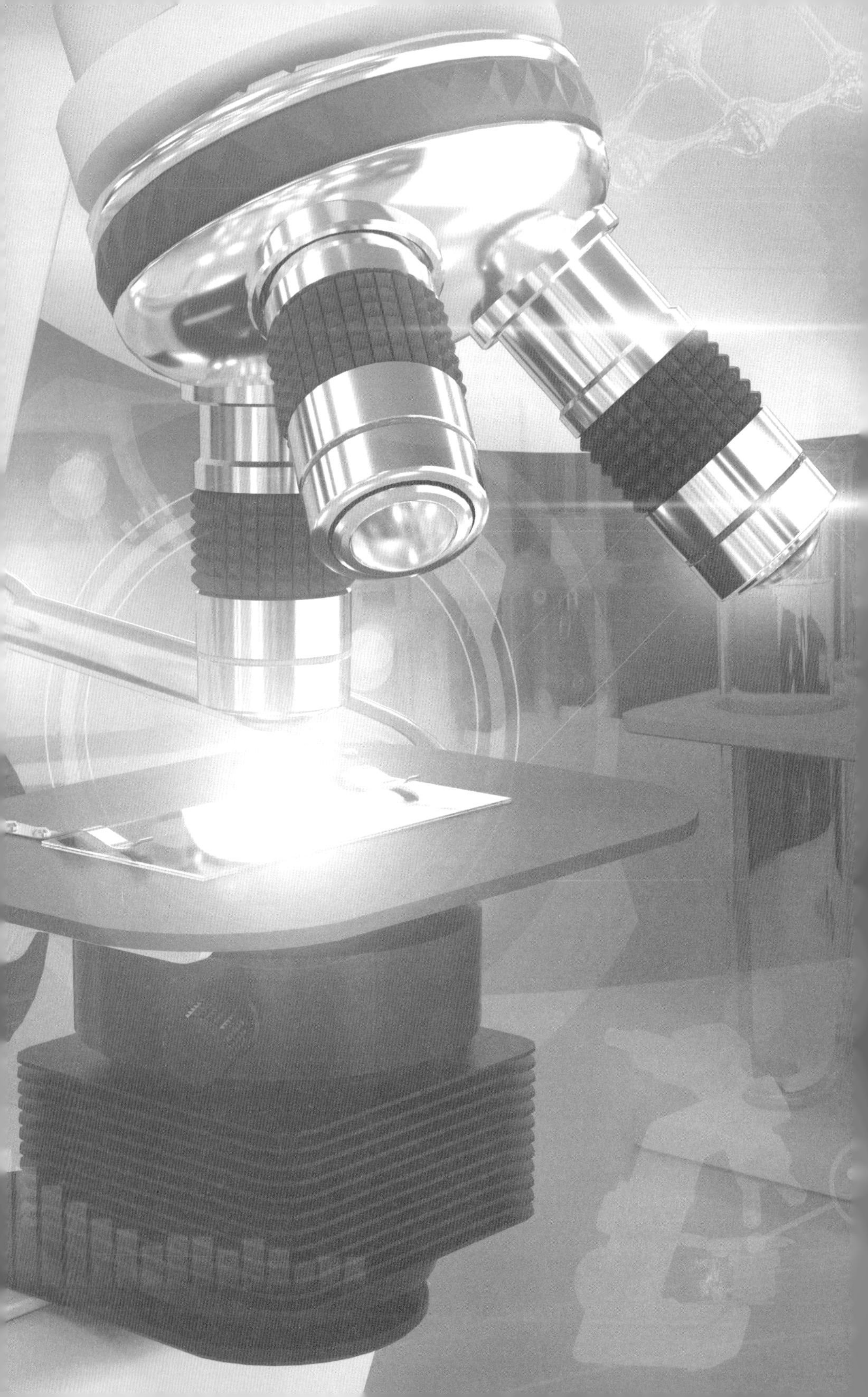

제1장

러시아 이해와 과학기술

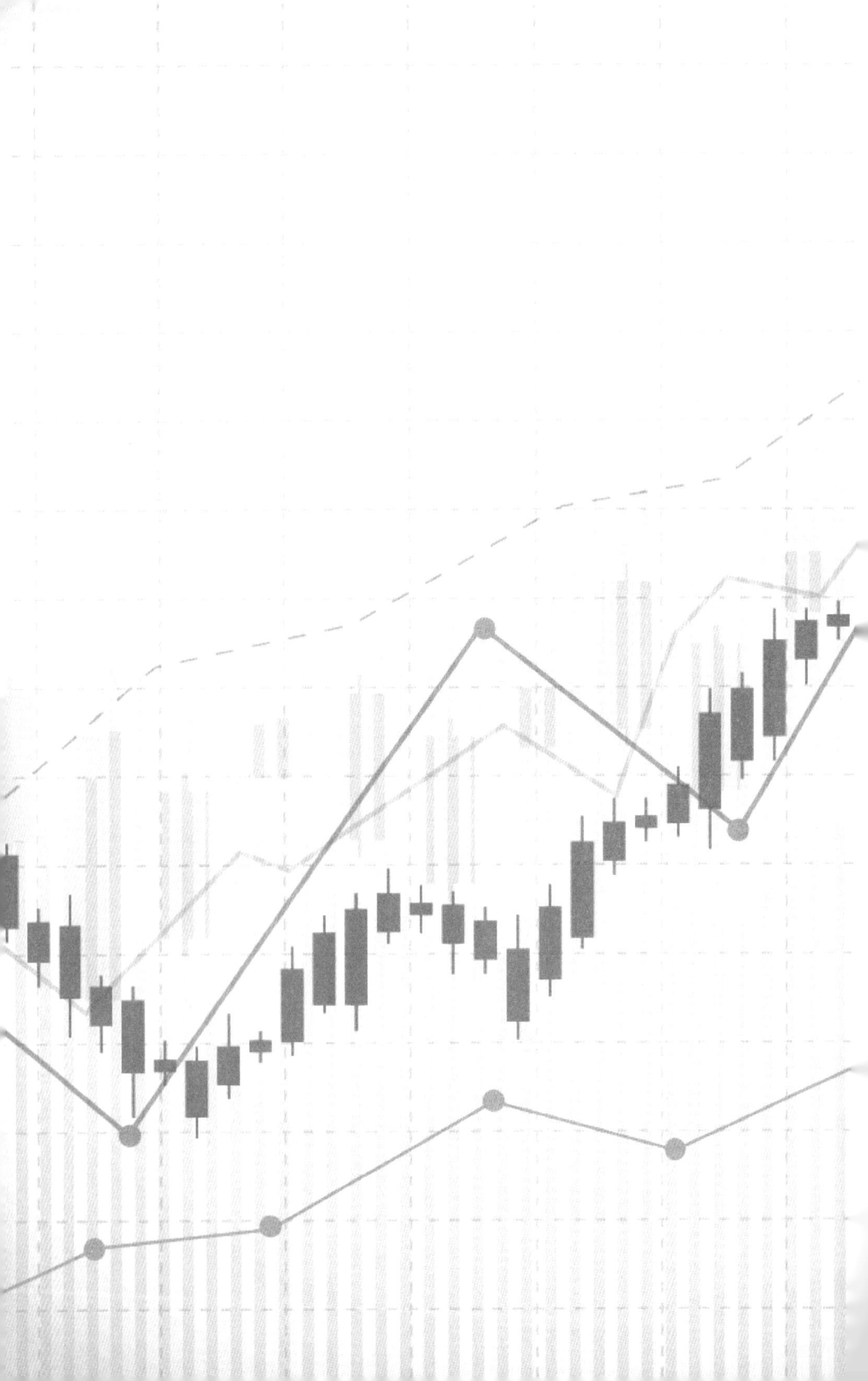

우리나라의 러시아에 대한 이해는 어떠할까? 2021년에 우리나라 국민을 대상으로 실시한 국가 호감도 조사(김용호 외, 2021)를 살펴보면 미국이 65.9점으로 가장 호감도가 높고, 러시아는 44.5점으로 일본(33.6점)과 중국(35.8점) 등 주변 국가 중에서는 상대적으로 높은 것으로 나타났다. 국외에서도 유사한 조사가 진행되고 있는데, 2022년 미국에서 전 세계 17,000명을 대상으로 주요 73개국의 인식조사 결과, 러시아는 36위를 차지한 바 있다.

이와 같은 국가 호감도는 주관적인 인식에 따른 것으로, 객관적인 수치나 지표에 의한 것은 아니다. 국가에 대한 호감도가 높다고 해서 대상 국가에 대한 이해가 높다고 할 수 없다. 예컨대 주변 국가와의 역사적 배경이라든지 감정적인 측면이 온전히 투영될 수 있기 때문이다.

이러한 상황에서 국내외에서 러시아를 이해하기 위한 다양한 연구와 서적이 발간되고 있다는 점은 러시아 이해를 높이는 데에 도움이 된다는 측면에서 고무적이라 할 수 있다. 다만, 주로 정치, 경제, 역사, 문화 등에 한정되어 있다.

과학기술은 사회의 다양한 요인에 의해 형성되기 때문에 국가와 사회를 이해하는 데에 효과적인 방법이라 할 수 있다. 따라서 러시아의 과학기술을 이해하는 것은 매우 의미 있는 작업이고, 과학기술과 함께 기존의 연구 분야인 정치, 경제, 역사 및 문화를 종합적으로 이해한다면 러시아에 대한 지식과 경험을 체득할 수 있다.

국내외에서 러시아 과학기술에 대한 연구는 활발하지 않고, 관련 서적이 존재하기는 하나 구소련 시대라든지 2000년 초에 한정해서 단편적으로만 이뤄져 온 점을 미뤄볼 때, 우리나라를 비롯하여 국제적으로도 러시아 과학기술에 대한 이해는 높지 않다고 할 수 있다. 노벨상 수상자 배출 실적이라든지 우주선 발사 실적과 같은 피상적인 지표에 근거하여 러시아의 과학기술을 이해하는 정도에 그치고 있다.

그렇다면 러시아 과학기술은 어떻게 이해할 수 있을까? 한 나라의 과학기술을 이해하기 위해서는 사회 속의 다양한 요인을 살펴보아야 한다. 과학기술은 한 나라의 경제, 정책, 이념 등이 복합적으로 작용하여 형성되는 것이기 때문에, 다양한 사회적 요인을 살펴보아야 하는 어려움이 그간 러시아 과학기술에 대한 연구 활성화에 장애로 작용하였다고 볼 수 있다.

구체적인 어려움으로는 첫째, 스탈린 시대 이후의 국제사회에 대한 폐쇄 정책과 고립주의를 들 수 있다. 최근에는 우크라이나 전쟁을 겪으면서 국제사회와의 정보 교류를 완전히 차단하고, 러시아 과학기술 관련 정보의 습득을 더욱 어렵게 하고 있다. 두 번째로는, 러시아의 과학기술이 군사기술에서 파생된 배경에 기인한다. 냉전 시대에 미국과 군비경쟁을 하는 과정에서 발달한 구소련의 군사기술은 1957년 세계 최초의 인공위성 발사와 1961년 세계 최초 유인우주선 발사로 이어졌다. 따라서 러시아 과학기술의 개방은 곧 군사기술 유출과 밀접하였기 때문에 러시아 과학기술에 대한 국제사회의 접근은 더욱 어려웠다. 세 번째는 과학기술이 가지는 내재적 특성이 배경이 된다. 과학기술은 스스로 사회와 의도된 거리 두기(intended distancing)를 시도한다는 점이다. 과학기술자들은 자율성을 확보하고 사회로부터 간섭을 경계하려는 특성이 있다. 또한, 과학기술이 급격히 발달하면서 새로운 용어가 등장하고, 학문 영역이 세분화되면서 일반 시민(lay people)뿐 아니라 상이한 분야에 속하는 과학기술자 간의 의사소통을 어렵게 하는 등 의도된 거리 두기를 통한 고립과 폐쇄를 더욱 경화시켜 왔다. 러시아처럼 폐쇄적인 국가에서 과학기술의 내재적 특징은 사회적 요인과 과학기술 간 상호작용에 대한 이해를 더욱 어렵게 하였다.

따라서 러시아 과학기술에 대한 이해는 다양한 사회적 요인을 포함하여 과학기술 관련 정보를 수집하는 단계에서부터 많은 어려움이 예상되는 과업이라 할 수 있다. 그럼에도 불구하고, 러시아 과학기술에 대한 이해를 시도하는 것은 궁극적으로 러시아에 대한 완전한 이해를 제고하기 위함이다. 전술한 바와 같이 과학기술은 사회적 상호작용의 산물이기 때문에, 역으로 과학기술을 이해하는 것은 사회의 다양한 요인을 더욱 잘 이해하게 해준다.

한편, 사회 속의 다양한 요인은 시간이 경과하면서 상이한 모습으로 진화되거나 발전해 간다. 예컨대 세대 간의 문화적 차이가 존재하는 것처럼, 사회에 만연하고 지배적인 문화나 사고는 동일한 형태로 유지되지 않는다. 따라서 사회 속의 다양한 요인을 살펴보되, 시간상으로 나누어 살펴보는 것은 많은 통찰력을 제공해 줄 뿐 아니라 정교한 분석을 가능하게 해줄 것이다.

이제 독자들은 왜 러시아 과학기술을 이해하여야 하는지와 이를 위해 다양한 요인을 살펴봐야 하는 이유를 알 수 있을 것이다. 제2절에서는 다양한 요인을 어떻게 정의할 것인지를 제시하고, 제3절에서 제5절까지는 1991년부터 2020년까지를 3개의 시기로 구분하여 살펴본다. 이는 러시아의 역사적 사건(historical event)을 중심으로 구분한 것으로, 첫째 1991년 소련 붕괴, 둘째 2000년 푸틴의 대통령 당선, 셋째가 2014년 러시아의 크림반도 병합이 해당한다. 아울러 시기별로 과학기술자의 삶을 구체적으로 제시함으로써 독자의 이해를 돕고자 하였다. 제6절에서는 지금까지의 러시아 과학기술이 우크라이나 전쟁 종료 후에 어떠한 모습으로 나타날지를 두 가지 시나리오로 설정해 본다. 제7장에서는 지금까지 살펴본 러시아 과학기술을 통한 한국의 시사점을 제시해 본다. 마지막으로 결론에서는 러시아가 과학기술 강국이라는 과거의 명성을 회복하기 위한 대안을 제시하면서 마무리하고자 한다.

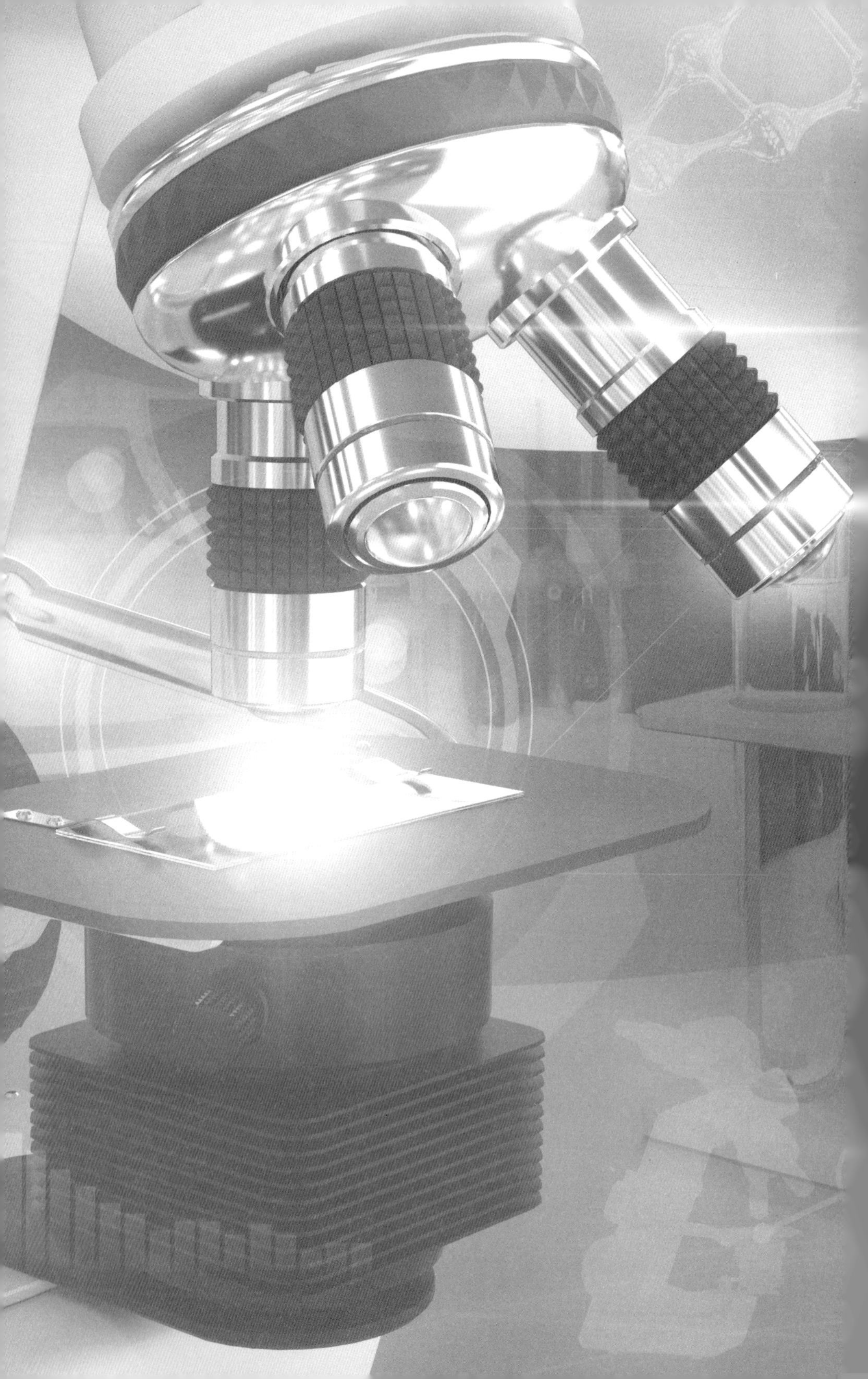

제2장

러시아 사회 요인

러시아 과학기술을 이해하기 위해서는 사회의 다양한 요인을 이해해야 한다. 아래에서는 사회의 주요한 요인으로, 러시아 노스탤지어, 러시아 경제, 러시아 과학기술 정책, 과학기술자에 대한 사회적 처우와 과학기술에 대한 사회적 인식, 마지막으로 과학기술자의 수와 연구 성과로 구분하고자 하며, 요인별 세부 내용은 아래와 같다.

1. 러시아 노스탤지어

'노스탤지어(Nostalgia)'라는 용어는 1688년 스위스의 Johannes Hofer의 논문에서 처음 등장하였다. 당시에는 심리적 상실감이나 공간적 분리 등으로부터 나타나는 중증 심리상태를 의미하는 의학 용어였는데, 오늘날에는 타향에서 고향을 그리워하거나 현재 시점에서 과거 시대를 동경하는 심리 상태를 의미하는 것으로 변화하여 활용되고 있다.

이러한 개념에서 러시아 노스탤지어란 현대의 러시아 국민이 구소련 시대의 군사 및 경제 강국으로서의 국내외적 위상을 회귀하려는 심리적 상태를 의미한다. 러시아 노스탤지어는 2000년에 들어와 다양한 학자들(Зборовский и Широкова, 2001; Velikonja, 2009; White, 2010; Munro, 2013; Otto Boele et al., 2019)에 의해 연구되어 왔으며, 러시아 사회에 다양한 영향을 주었다. 또한, 일부 학자들은 2014년에 발생한 러시아의 크림반도 병합을 러시아 노스탤지어가 표출된 결과라고 설명하기도 하였다.

2. 러시아 경제 및 정책

현대 과학기술의 특징은 거대화와 복잡화(Complexity)라 할 것이다. 근대과학이라고 불리던 18세기부터 20세기 중반까지만 해도 과학기술이 우연히 발견되기도 하고, 개인 혹은 소수의 과학기술자가 실험실에서 발견하는 것이 가능했다. 그러나 현대 과학기술은 복잡한 자연현상을 이해하기 위해 그동안 전문화되고 세분화된 지식을 융합하게 하였으며, 장비의 거대화를 통해 새로운 진리와 발견에 가까이 가고 있다. 더 이상 소규모의 노후화된 연구 장비와 저렴한 재료에 기반하여 연구 활동을 하기에는 한계를 인식하였기 때문이다. 예를 들어 실험물리학자들이 세계에서 가장 큰 규모의 유럽입자물리연구소에 모여 공동연구를 수행하는 이유도 동일한 배경에 있다. 이러한 현대의 연구 경향은 과학기술과 경제의 연계성을 요구한다. 즉, 고가의 첨단 장비나 풍부한 연구비 등이 뒷받침되는 경제 강국일수록 기술 선진국일 경향이 높은 이유도 같은 맥락에서 이해될 수 있다.

한편, 과학기술은 정부 정책에도 영향을 받는다. 대표적인 예로, 우리나라의 경우 1966년의 한국과학기술연구원이나 1967년의 과학기술처 설치는 과학기술 진흥을 위한 정부 의지와 정책에 기인한 것으로, 과학기술 전담 부처의 존재 여부는 한 나라의 과학기술에 지대한 영향을 준다. 과학기술 전담 부처의 정책과 세부 사업을 살펴보는 것은 한 나라에서 과학기술이 정책의 우선순위로 작용하고 있는지를 이해하고 향후 방향을 예측하는 데에 도움을 준다.

3. 사회적 인식 및 처우

과학기술자는 진리를 추구하는 사명과 학자로서의 명예를 가짐과 동시에 전문 직업의 하나로 이해될 수 있다. 즉, 자본주의 사회 속에서 직업으로서 어느 정도의 경제적 처우 없이 사명이나 명예만을 요구하는 직업은 지속되기 어렵다. 따라서 과학기술자로서의 사명과 명예와 같은 사회적 인식과 경제적 처우를 살펴보는 것은 그 나라 과학기술자의 전망을 예측함에 도움이 된다.

한편, 미국이나 우리나라와 같은 기술 선진국에서는 정례적으로 과학기술에 대한 여론조사를 시행하고 있는데, 이는 과학기술에 대한 사회적 인식의 중요성을 보여준다. 특히, 과학기술 성과나 지식은 개별 과학기술자의 소유물이 될 수 없고 보편적으로 활용되기 때문에 통상 국가 차원에서 연구개발비가 지원되고 있다. 또한, 연구개발비는 국민의 세금으로 마련되기 때문에 과학기술의 중요성에 대한 사회적 인식과 공감대가 형성되는 국가일수록 과학기술에 대한 투자와 지원이 활발해진다. 이러한 점에서 과학기술에 대한 사회의 인식은 한 나라의 과학기술에 영향을 준다고 할 수 있다.

4. 과학기술자 수와 연구 성과

국가의 과학기술자 수는 과학기술의 지속가능성과 잠재력을 추정하는 기본적인 지표가 된다. 여기서 과학기술자란 단순히 과학기술을 전공했다든지 포괄적 의미로 과학기술 관련 분야에 종사하는 자를 의미하지 않고, 연구개발 활동을 수행하는 연구자로 한정한다. 따라서 본론에서 과학기술자는 곧 연구개발을 수행하는 연구자를 의미한다.

이러한 연구자가 수적으로 많다는 것은 그만큼 연구개발 활동이 활발히 진행되고 있고, 연구를 위한 환경이 조성되어 있음을 보여준다고 할 수 있다.

한편, 연구자에게 있어 연구 성과는 연구자의 업적이자 연구자로서 존재하는 이유이기도 하다. 연구자에게 경제적 부유함보다 중요한 가치가 학계의 명성이라는 주장이 있는데, 학계의 명성은 주로 우수한 연구 성과에 기반하고 그러한 성과는 주로 논문으로 가시화된다는 점에서 국가의 과학기술 역량이나 수준을 판단할 때 논문 수는 매우 중요한 요인으로 작용한다. 물론 특허 또한 연구개발 성과에 포함될 수 있으나 특허는 주로 경제적 가치와 연결된다는 점에서 논문과는 다소 차이점을 가진다. 이에 본론에서 연구 성과라 하면 논문 수로 한정하여 살펴보고자 한다.

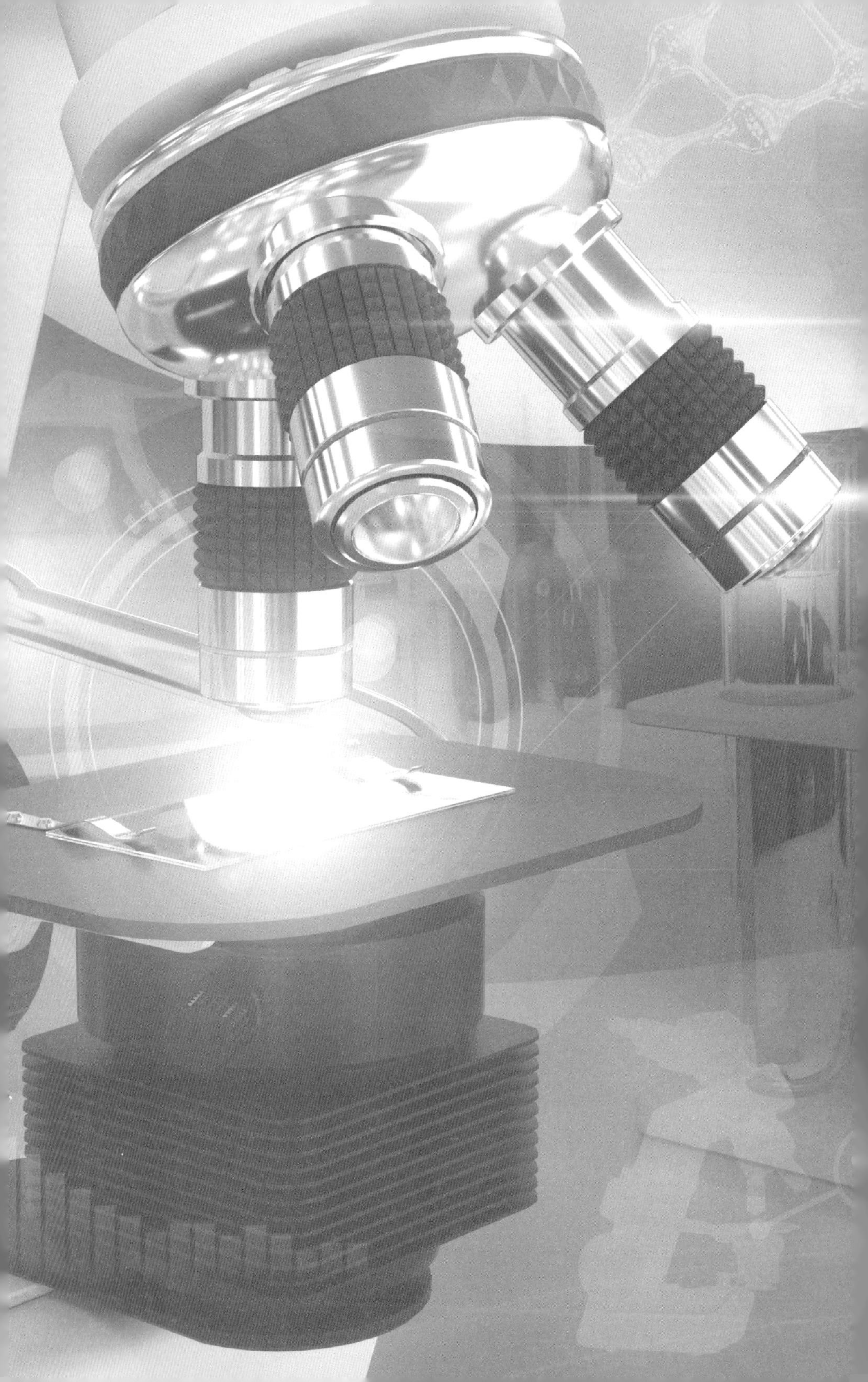

제3장

새로운 전환기: 1991~1999

1. 경제
2. 과학기술 정책
3. 사회적 인식 및 처우
4. 과학기술자 수와 연구 성과

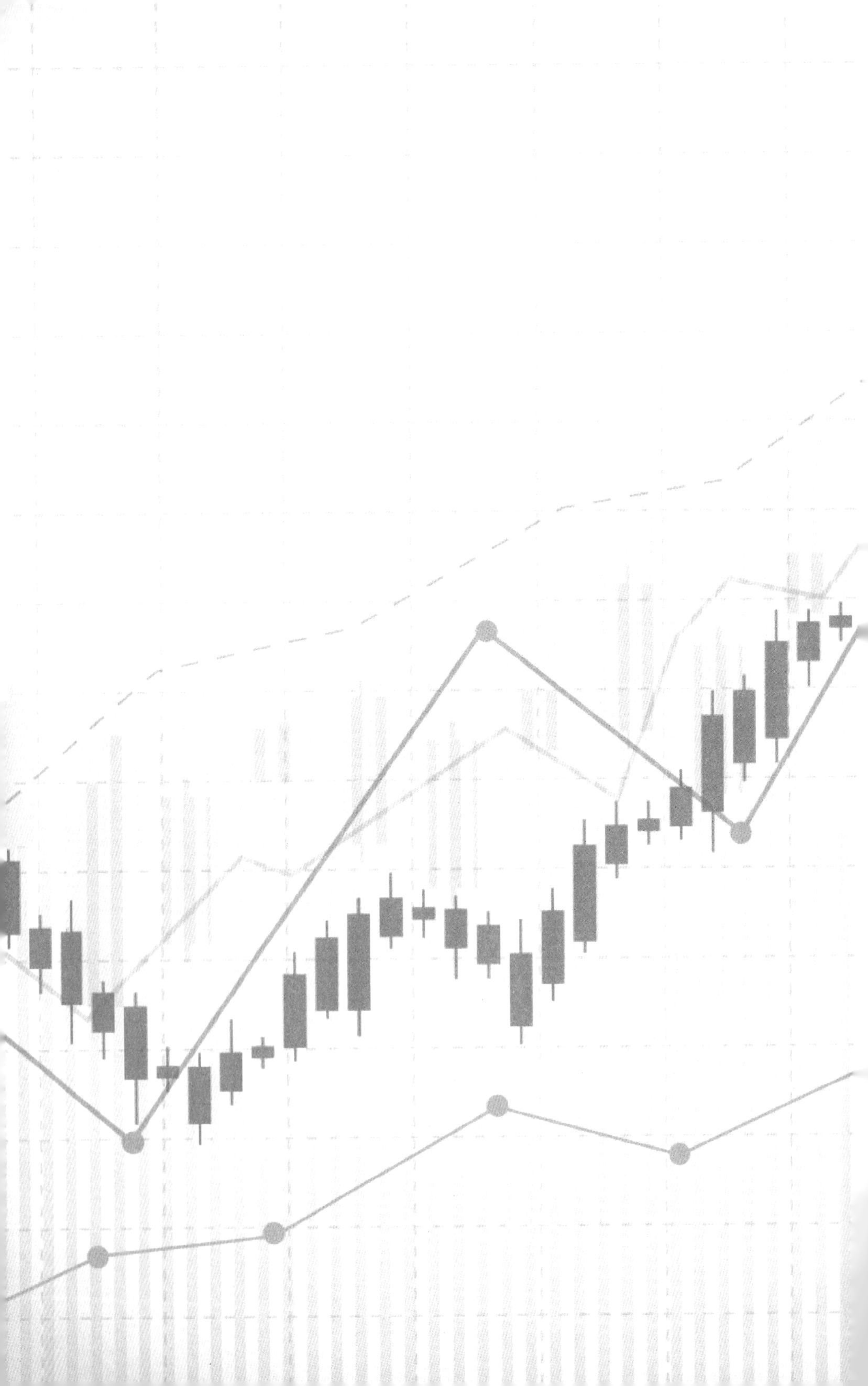

러시아 과학학술원(Academy of Science)은 1724년에 설치되었으며, 1917년 현재의 명칭으로 변경되어 유지되어 왔다. 구소련 시절 과학학술원 소속의 연구원이 되는 것은 과학기술자로서 최고의 권위가 부여되고 능력이 인정되었음을 의미하는 것이었다. 1979년에는 당시 소련의 전체 과학기술자 1,340,000명 중 3.2%인 43,000여 명만이 과학학술원에 소속되어 있을 정도로 과학학술원 소속이 되는 것은 매우 어려웠다. 소련의 고등교육, 특히 국가에서 산업화와 군사화 역량 강화를 위해 지정한 교육과정을 이수한 자는 고용이 보장되었기 때문에 당시 과학기술자는 사회적 지위와 명예 외에도 경제적 측면에서도 선호되는 직업이었다. 특히, 미국과의 군비경쟁에서 첨단 기술 개발은 국가의 핵심 과제 중 하나였고, 풍부한 연구개발 예산은 과학기술자들로 하여금 연구에만 몰입할 수 있는 환경을 조성하였다.

소련이 붕괴하던 1991년 과학기술계는 새로운 변화를 맞이할 준비도 없었고, 그 필요성도 인지하지 못했다. 과학기술자들에게는 지금껏 향유해 오던 사회적 지위와 경제적 특권을 유지하고 연구비에 기반하여 기초과학을 발전시키고 첨단 기술을 개발하는 것이 과업이었다.

아래에서는 1991년의 소련 해체가 1990년대 러시아의 과학기술계에 가져오는 새로운 전환을 살펴본다. 다만, 1990년대의 객관적인 자료 수집 및 접근의 한계로 인해, 당시 러시아 노스탤지어에 대해서는 별도로 살펴보지 않는다.

1. 새로운 전환기: 경제

구소련은 국제사회에서 철저한 고립주의와 폐쇄주의를 고수하면서 국가 경쟁력이 악화되어 갔고, 계획경제 체제에서 이루어진 엄격한 상품가격 통제가 수요와 공급 간의 불균형을 야기하고 있었다.

이와 같은 상황에서 1991년의 소련 붕괴와 함께 러시아 국민들은 시장경제 체제의 도입이 자본주의에 기반한 경제성장을 가져올 것으로 기대하고 있었다. 특히, 1990년 초반에 칠레나 페루에서 신자유주의적 시각에 기반하여 성공적으로 시장경제 체제로 전환한 사례는 러시아 국민들로 하여금 그간의 군사 강국 외에 경제 강국이라는 국가 위상을 기대할 수 있게 하였다. 그러나 러시아 국민들의 기대가 환상에 불과하였음을 깨닫는 데에는 오랜 시간이 필요하지 않았다.

계획경제 체제로 운영되어 온 국가 시스템은 시장경제 도입을 위한 경제구조 전반의 개편을 요구하였지만, 러시아는 새로운 전환을 위한 아무런 준비가 되어있지 않았다.

표면적으로는 시장경제 도입을 표방하면서도 이에 부응하는 정책이나 구조 개편이 이뤄지지 않음은 물론이고, 국가 차원에서 시장경제를 위한 관리 시스템 또한 마련하지 않았다. 시장의 혼란은 더욱 가중되었고, 경제구조 자체가 점차 붕괴되어 갔다. 당시 상황을 요약하면 경제 정책, 제도, 행정 등 내부 시스템은 기존의 계획경제와 별반 다르지 않았다.

한편, 시장에 상품 공급을 늘리고 이를 위해 적정한 시장 가격을 보장해 준다는 원칙에 입각하여, 지금까지 정부에서 통제하던 가격은 시장에 의한 가격 자율화로 전환되었으나 오히려 정부 대신에 생산자가 시장경제를 통제하는 양상이 나타났다. 생산자들은 인위적으로 공급을 감소시킴으로써 시장 가격의 왜곡을 초래했고, 심지어 상품가격의 상승을 위해 경제 관료와 부당한 거래를 하기도 하였다.

[표-1] 1990년대 러시아의 인플레이션 추이

(단위: %)

	1992	1993	1994	1995	1996	1997	1998	1999
인플레이션	2,321.6	841.6	202.7	131.4	21.8	11.0	84.5	36.6

출처: World Economic Outlook (www.imf.org)

1992년 소련 붕괴 직후 나타난 초인플레이션은 단일한 원인으로 촉발된 것이 아니므로 여기서 상세하게 설명하기에는 어려움이 있지만, 전술한 것처럼 시장경제 체제 도입 과정의 실패, 불안한 정치 기반으로 출범한 옐친 정부의 화폐 남발, 잘못된 화폐 개혁과 해외로부터 자금 유입에 따른 시중의 과도한 유동성 등이 원인에 포함될 수 있을 것이다.

러시아 국민들은 소련 시절에 경험하지 못한 물가 상승으로 인해 생활고와 생필품 구입의 어려움을 겪어야 했다. 물가 상승은 실질임금 하락으로 연결되면서 주택 임대료나 채무 상환에서 어려움을 직면해야 했다. 또한, 1990년대 경제 침체로 인해 노동자들에 대한 임금 체불 사례가 빈번해짐으로써(European Commission, 2018), 러시아 국민들은 새로운 전환기에 대한 희망과 기대가 곧 환상에 불과함을 체감하게 되었다.

한편, 구소련 당시 같은 연방에 속하였던 주변의 독립국들, 소위 연방소비에트연합(Federal Soviet Union: 이하 FSU) 소속인 카자흐스탄, 벨라루스, 아제르바이잔 등의 경우도 1991년 소련이 붕괴한 이래 러시아와 같은 초인플레이션 현상을 직면해야 했다.

[표-2] 1990년대 구소련에서 분리·독립한 주요 국가들의 인플레이션 추이

(단위: %)

	1992	1993	1994	1995	1996	1997	1998	1999
에스토니아	942.2	35.7	41.66	28.8	15.0	12.5	4.5	3.8
카자흐스탄	2,962.8	2,169.1	1,160.3	60.4	28.6	11.3	1.9	17.8
리투아니아	1,162.5	188.8	45.0	35.5	13.1	8.5	2.4	0.3

출처: World Economic Outlook (www.imf.org)

구소련 당시 러시아와 동일한 계획경제 체제를 운영하였던 FSU 소속 국가들은 구소련에서 독립하면서 일대 혼란을 겪게 되었는데, FSU

중 주도적인 역할을 담당했던 러시아가 경제적 혼란을 겪는 것을 보면서 각국은 자국에 부합하는 경제정책을 마련할 수밖에 없었다. 리투아니아의 경우 초기의 혼란을 빠르게 해소하면서 안정화 단계로 진입해 간 반면, 카자흐스탄은 다른 나라에 비해 상대적으로 높은 경제적 불안에 직면하였다.

이처럼, 소련의 붕괴는 러시아의 경제에 악영향을 주었을 뿐 아니라, 주변 FSU 소속 국가에도 상당히 부정적인 영향을 줌으로써 러시아와 FSU 소속 국가들은 서방에 대한 경제 의존도를 높이게 되었고, 서방의 금융위기 등 대외 충격에 민감하게 작동하는 결과로 이어졌다.

시장경제를 표방한 러시아는 국유자산의 사유화를 추진하게 되는데, 이러한 과정에서 부의 불평등이 심화되기 시작했다. 당시 대부분의 러시아 국민이 초인플레이션으로 보유하고 있던 유동자산의 가치가 하락하고 실질임금 하락으로 생활고에 고통을 받고 있는 상황에서, 국유자산의 사유화 과정에서 비공식적인 경제, 부패, 범죄를 통해 국유자산의 소유권을 획득하면서 등장한 올리히가르(Oligarch)는 경제 전반에 독점적인 영향력을 행사하게 되었다(Izyumov, 2010). 올리히가르는 풍부한 자본을 토대로 경제 영역을 비롯하여 자신들의 부를 유지하기 위해 정치와 사회 전반에 지대한 영향력을 행사하게 되었다.

[표-3] 1991~1999년까지 러시아 상위 1%의 소득 비율

(단위: %)

구분	1991	1993	1995	1997	1999
상위 1%의 소득 비율	25.0	34.2	42.3	46.0	47.5

출처: World Inequality Database (https://wid.world/country/russian-federation/)

상기 표는 1991년에 소득 상위 1%가 국가 전체 소득의 25%를 점유하고 있었으나 1999년에는 전체 소득의 47.5%로 약 2배 가까이 소득 점유율이 급증하였음을 보여준다. 구소련 시절인 1980년대에만 해도 소득 상위 1%가 국가 전체 소득의 20% 초반을 점유하고 있었다는 점을 상기하면, 1990년대 들어와 러시아 부의 분배가 매우 불평등하게 이뤄지고 있었음을 알 수 있다. 이러한 불평등 지수를 우리나라와 비교해 보면 부의 독점화를 보다 명확하게 이해할 수 있는데, 우리나라의 경우 1995년에 국가 전체 소득 중 상위 1%가 차지하는 비율은 7.2%에 해당하였고, 소득 상위 10%로 확대하면 국가 전체 소득의 31.8%를 차지하고 있었다. 즉, 1990년대에 우리나라 소득 상위 10%가 점유하는 국가 소득의 비율보다, 러시아 상위 1%가 점유한 소득 비율이 훨씬 높았음을 확인할 수 있다.

러시아의 경제를 언급할 때 부의 독점화 외에 검토되어야 할 또 다른 특징은 풍부한 자원에 기반한 자원 의존적 경제구조다. 러시아는 가스 및 원유 등의 자원을 토대로 국가 경제가 운영되다 보니, 자원의 국

제 가격이나 수요에 민감한 경제구조를 가지고 있었다. 원유를 포함한 자원의 시장 가격 하락은 국부의 감소로 이어졌고 재정에도 영향을 주었다. 특히 원유 가격이 국제 시장에서 형성된다는 점을 고려하면 연방정부가 경제를 통제할 여력을 상실할 수밖에 없었음을 의미하였고, 올리히가르나 고위 관료들은 가격 하락에 따른 부의 손실을 대비하기 위해 부정한 방법으로 부를 축적하여 갔다.

[표-4] 1990년대 배럴당 원유 가격

(단위: 달러)

	1991	1993	1995	1997	1999
원유 가격	19.47	11.83	17.18	15.65	20.62

출처: https://tradingeconomics.com/commodity/crude-oil

상기 표는 1990년대 원유가격 추이를 보여주는데, 소련이 붕괴된 1991년에 배럴당 19.47달러로 시작한 유가는 1990년대에 지속적으로 하락하다가 1999년에 이르러서야 1991년 이전의 수치로 회복하였다. 유가의 하락은 당시 경제구조를 비롯하여 사회 전반의 개혁을 추진하던 러시아에 불리한 환경으로 작용하였고, 설상가상으로 초인플레이션까지 직면하면서 러시아 국가 전체의 경제 상황은 매우 악화되어 가고 있었다.

러시아의 GDP 성장률을 살펴보면 당시 경제 상황이 어느 정도 심각했는지를 알 수 있는데, 전반적으로 0% 이상으로 나타난 경우는 1997년과 1999년에 불과하였다. 약 10여 년 동안 2개년만 0% 이상의 성장률을 보였고, 그나마 성장률이라는 것이 전년 대비라는 상대적 수치임을 고려할 때 0% 이상의 성장률이 높은 수치라고 보기는 어려울 것이다.

한편, 아래의 GDP 성장률을 유가와 연계하면 다소 흥미로운 점을 확인할 수 있는데, 유가가 상승하는 시점에는 GDP 성장률이 상향하는 것으로 나타났다. 이는 전술한 대로 러시아 경제가 자원 의존적 구조를 보임을 다시 한 번 확인시켜 준다.

[그림-1] 1990년대 러시아의 GDP 성장률 추이

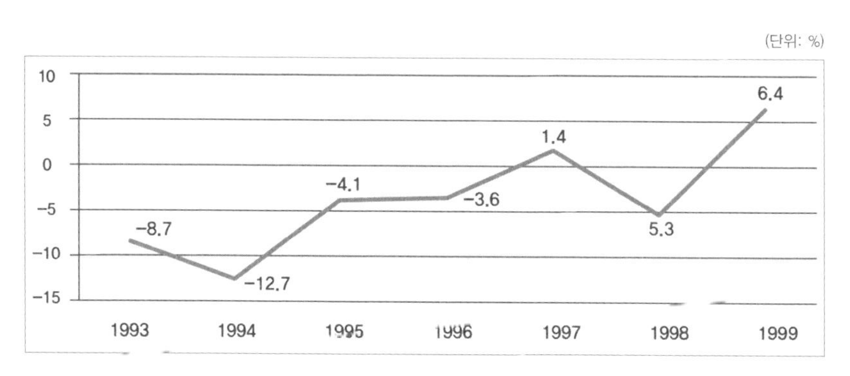

출처: World Economic Outlook (www.imf.org)

1990년대에 들어와 러시아는 시장경제를 도입하는 과정에서 나타난 부의 불평등, 초인플레이션에 따른 실질임금 하락과 전통적인 자원 의존형 경제체제로 인한 경제적 어려움이 매우 심화되어 갔다. 국가 차원에서 경제를 관리할 수 있는 시스템이 붕괴되었고, 소수의 올리히가르에 의한 독점적 경제 시스템은 시장경제를 왜곡하고 있었다. 유가 상승에 따른 경제지표 개선 효과는 소수의 올리히가르에게 혜택을 주었고, 경제 관료와의 불법 거래로 소요된 지대(rent)는 이러한 경제적 혜택이 투자로 이어지는 데에 장애로 작용하였다. 투자의 한계는 실업률로 나타났고, 1991년 5.4%로 시작된 실업률은 시간이 지나면서 더욱 악화되어 1999년에는 13%까지 치솟으면서 러시아 국민들의 삶은 피폐해져 갔다.

[표-5] 1990년대 실업률 추이

(단위: %)

	1991	1993	1995	1997	1999
실업률	5.4	5.9	9.4	11.8	13

출처: World Bank(https://data.worldbank.org/indicator/)

이처럼 러시아는 시장경제 체제에 완전히 적응하지 못했을 뿐 아니라, 경제구조 개혁에도 실패하고 있었다. 이러한 상황에서 1998년 아시아발 금융위기[1]는 러시아 경제에 직접적인 영향을 주었고, 결국

1) 구소련 체제 붕괴와 함께 시장주의 체제 도입에 따라 글로벌 경제 시스템의 참여와 국가 채무 증가는 러시아의 국제사회에 대한 의존도를 높이게 하였는데, 1992년 국제통화기금(International Monetary Fund) 가입, 1992년 G-7 회의 참여, 1996년 유럽 이사회(Council of Europe)의 39번째 회원국 가입, 1997년 G-8 회원국 참여, 1998년 APEC 회원국 가입 등이 그러하다. 아시아발 금융 위기에 따른 러시아의 모라토리움은 러시아의 글로벌 경제 시스템 참여에 따른 영향이 어느 정도

1998년 8월 러시아는 외채 상환 지불유예 조치인 모라토리엄을 선언하기에 이르렀다. 당시 학자들과 전문가들은 1998년을 구소련 체제 붕괴 후 러시아의 '첫 번째 위기(first generation crisis)'라고 명명할 정도로 심각한 상황으로 인지하고 있었는데(Dabrowski, 2016), 러시아의 대외 신용도 하락과 함께 러시아의 재정 위기는 더욱 심화할 것이라는 우려가 팽배하였다.

그럼에도 불구하고, 러시아의 경제 붕괴로 직접적인 영향을 받는 것은 러시아 국민의 몫이었고 오히려 소수의 올리히가르를 중심으로 한 부의 집중은 더욱 가속하였다.

2. 새로운 전환기: 과학기술 정책

1991년 7월 설립되어 과학과 관련된 정책과 업무를 수행하던 과학 및 고등교육위원회(The State Committee for Science and Higher School)는 구소련 붕괴 직후인 1992년에 설치된 과학, 고등교육 및 기술정책부(Ministry of Science, Higher School and Technical Policy)에 과학기술 관련 기능을 이관하였다.

당시 위원회란, 사회주의적 개념과 특성이 반영된 것으로 현재와 같은 분야별 전문가나 시민이 참여하는 민간 중심의 기구가 아니라 당원

작동하였다고 볼 수 있다.

을 중심으로 한 의사결정 기구의 성격을 가지고 있었다.

따라서 과학기술 전담 부처의 설치는 과학기술을 국가 차원에서 중요하게 인식하고 과학기술을 진흥하려는 정부의 의지가 발현된 것으로 이해할 수 있다. 또한, 1992년에 러시아 연방 정부는 과학기술의 경쟁력 제고와 연구개발 예산의 투명한 배분을 위해 러시아 기초연구재단(Russian Foundation for Basic Research)을 설치하기도 하였는데(Graham & Dezhina, 2008)[2], 과학기술 정책은 과학, 고등교육 및 기술정책부가 담당하고 정책 이행은 러시아 기초연구재단이 수행하는 역할 분담을 도입함으로써 과학기술을 체계적으로 지원하고자 하였다.

그러나 이전의 사회주의적 관행과 당원 중심의 의사결정 시스템에 익숙해 있던 러시아 사회에 있어 선진화된 운영 방식은 크게 관심을 가지지 못하였다.

전담 부처를 설치하여 위원회의 기능을 이관하는 것은, 당원의 역할을 축소하는 것을 의미했기 때문에 정치적 저항만 불러일으켰다. 이러한 불만과 저항에 따라 1992년에 설치된 과학, 고등교육 및 기술정책부는 이듬해인 1993년 고등교육위원회(The State Committee of the Russian Federation on Higher Education)로 흡수되었는데, 결과적으로

2) 1992년 George Soros는 International Science Foundation을 설립하여 1993년부터 러시아 과학기술자를 지원했는데, 1993년부터 1995년까지 약 66.5 Million USD가 투자된 바 있다.

러시아 과학기술의 투명성 약화와 함께, 과학기술자들의 자유로운 이동 또한 엄격히 통제되는 등 위원회를 통한 과학기술의 검열 시스템과 당의 간섭은 이전보다 강화되었다.

관련 부처의 폐지는 당원 중심의 관행에도 원인이 있지만, 당시 옐친 집권기의 정치적 혼란과 미약한 지지 기반도 원인으로 들 수 있다. 고르바초프가 집권하던 1991년까지 개혁파와 보수파 간의 갈등은 옐친 집권기에도 지속되었고, 옐친의 친서방적 외교정책은 많은 국민에게 적극적인 지지를 받지 못했다. 특히 1998년의 금융위기를 맞으면서 정치적. 혼란은 가중되었고, 지지율은 하락하여 갔다. 이러한 상황에서 옐친은 프리마코프를 총리로 지명하여 임금과 연금 상승 등을 정책의 우선순위로 둠으로써 지지율의 반등을 모색하기도 하였으나 옐친과 프리마코프 총리 간 정치적 갈등은 오히려 혼란만 가중시켰다. 옐친이 친서방을 지향한 반면, 프리마코프 총리는 강한 러시아로의 회귀를 원했고, 서방 특히 나토에 대해 비우호적인 입장을 견지하면서 대통령과 총리 간 정책 이견이 심화되었다. 결국, 옐친은 총리를 교체하는 결단을 내리게 되었다.

옐친 정부는 정치적 혼란과 낮은 지지율에도 불구하고 지속해서 과학기술을 진흥시키고자 노력하였다. 1996년 대통령령인 '과학기술발전선언(S&T Development Doctrine)'을 마련하여 기초연구 증진, 정보통신 기술, 생산기술, 신소재 기술, 수송 기술, 연료 및 에너지 기술, 자원 이용 관련 기술을 과학기술 발전 정책의 주요 우선순위로 설정한 바 있고, 이를 실행하기 위해 1997년에 과학기술 전담 부처인 과학기술부(Ministry on Science and Technology of the Russian Federation)를 설치하였다. 1992년에 설치된 과학, 고등교육 및 기술정책부가 이듬해인 1993년에 폐지된 이후 약 4년 만에 전담 부처를 다시 설치한 것은 낮은 지지율과 반대 당원들에 의한 불리한 정치적 상황에도 불구하고 과학기술의 중요성을 인식한 정부 정책의 결과라 할 수 있다.

1997년에 설치된 과학기술부는 2000년까지 유지되었는데 과학기술을 국가 우선순위로 설정하여 관련 정책을 이행하기에는 시기적으로도 짧았고, 1998년 모라토리엄 등 대내외적 환경 변화와 체제 붕괴 이후 지속되었던 사회 전반의 혼동으로 인해 주목할 만한 과학기술 정책이나 프로그램이 제시되지 못했으며, 과학기술 관련 예산의 확보에 있어서도 가시적인 면이 도출되지 않았다.

구소련 시대부터 연구개발 예산은 전적으로 정부 재정으로 이뤄졌는데, 1991년 GDP 대비 연구개발비 비중은 1.33%로 나타났으나 구소련이 붕괴한 직후 1992년에는 0.69%라는 최저치를 거쳐 1999년에 0.93%에 이르기까지 1990년대 러시아의 연구개발비 투자는 소련 당시보다 낮게 나타났다. 실제로 1989년 구소련 당시에는 GDP의 1.775%를 연구개발비에 투자한 바 있고, 1990년에는 1.89%를 투자하기도 하였으나 1992년 이후에는 전반적으로 GDP 대비 1% 수준에도 달하지 못하는 투자가 이뤄졌다(OECD, 2017). 연구개발비 총액을 살펴보면 1991년 대비 1999년에는 약 10배 정도가 감소하였다[3].

[그림-2] 1990년대 러시아의 GDP 대비 연구개발투자 비율 추이

(단위: %)

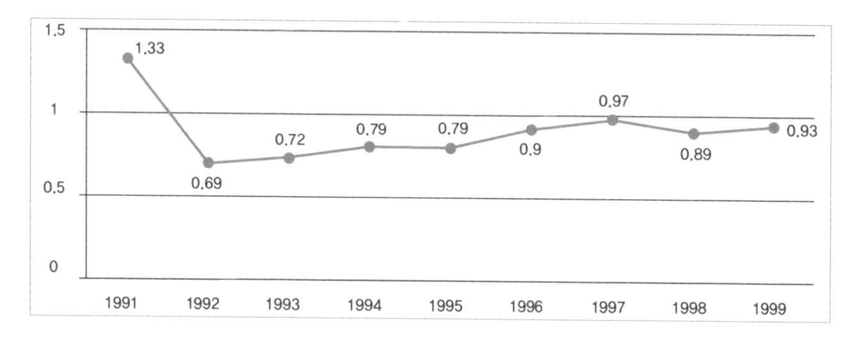

출처: OECD Main Science and Technology Indicators(https://data.oecd.org/)

주목할 만한 점은, 1998년에 금융위기를 직면하면서 실업률, 인플레이션 등 모든 경제적 지표가 하락함에도 불구하고 GDP 대비 연구개발투자비율을 전년 수준으로 유지하려고 노력했다는 것이다. 이는 1997년 과학기술부 설치에서 나타난 것처럼 러시아 정부의 과학기술 우선 정책이 투영된 결과로 이해할 수 있다.

3) https://issues.org/graham-2/

3. 새로운 전환기: 사회적 인식 및 처우

구소련 시절 모든 과학기술자에게 주어진 것은 아니나, 보편적으로 과학기술자들에게는 안정적인 경제적 대우를 비롯하여 상당한 사회적 처우가 보장되었다. 상대적으로 높은 임금, 주택 제공, 우수한 의료서비스, 별장과 차량 제공 및 사회적 존경 등은 과학기술자라는 직업이 당시 사회적으로 선망의 직종 중 하나였음은 분명하였다.

과학기술자 중 최고의 권위는 과학학술원(Academy of Science) 소속 과학기술자라 할 수 있었는데, 상당한 처우 외에도 국가 연구비의 대부분이 과학학술원으로 배정됨으로써 연구에만 몰입할 수 있는 연구 환경이 제공되었다. 다만, 1986년을 기준으로, 과학학술원 소속 정회원 중 75세 이상이 약 50.3%에 이를 정도로 정회원이 되기 위해서는 많은 경력과 높은 연구 성과가 요구됨에 따라 과학학술원 정회원이 되기 위한 자격요건이 매우 어려움과 동시에 과학학술원 소속 연구원의 고령화가 상당히 심각하였음을 보여준다(Kneen, 1989). 그럼에도 불구하고 1990년대 초반까지 대부분의 과학기술자는 최고 권위이자 과학기술 역량을 보유한 과학학술원 소속의 정회원을 희망하였다.

한편, 구소련 시대부터 연구소는 연구를 핵심 기능으로 하는 반면,

대학교는 연구보다는 교육을 핵심 기능으로 함으로써 연구소와 대학교 간의 역할 분담이 명확하였다. 물론 대학교 교수 중 일부에서 연구를 수행하는 경우도 있었으나 연구 성과의 양적 및 질적인 측면에서 과학학술원 소속 과학기술자와 대학교 교수를 비교한다는 것은 불가능할 정도였으며, 심지어 과학학술원에서 수행하는 연구만이 진정한 연구라는 인식이 확산되어 있을 정도였다[4](Smolentseva, 2003).

이는, 대학교에서는 주로 군수 산업 복합체, 교육 과정의 정치화 및 이데올로기화를 통한 전문가 양성 및 직업 교육에 초점을 둔 배경이 있는데, 실제로 1990년의 경우 구소련의 고등교육기관에서 수행한 연구는 전체 연구 중 6%에 불과하였다(Nauka, 1995).

높은 경제적 대우와 사회적 위상이 보장되던 과학학술원 소속 연구원을 비롯한 보통의 과학기술자들은 1992년 구소련의 붕괴와 함께 경제 침체를 겪으면서 이전과는 다르게 낮은 경제적 대우와 사회적 위상의 하락 등 새로운 전환을 직면하게 되었다.

과학기술자들이나 교육기관 소속 연구원은 모두 공무원 신분으로서 정부에서 분류한 17개의 등급에 따라 임금이 책정되었는데, 아래의 표를 살펴보면 1995년과 2000년 과학기술자들의 평균 임금은 노동자 평균 임금과 유사한 수준으로 책정되었음을 확인할 수 있다.

---

4) Firsov(1998)는 구소련에서 대학교와 같은 고등교육보다 연구소를 우선시함에 따라 고등교육이 후퇴한 배경이 있다고 주장하기도 하였다.

[표-6] 체제 붕괴기의 연구원 임금 비교

(단위: 루블)

구분	평균	공공 연구소	민간 연구소	교육기관 연구원
1995	305	330.5	297.6	280.1
2000	2,323.9	2,015.6	2,519.9	1,400.3

출처: 러시아통계청 홈페이지(www.gks.ru)

심지어 과학기술자들의 임금 수준은 농민 및 예술가 다음으로 높은 정도로 지급되었다는 점을 고려하면 소련 붕괴가 과학기술자들의 처우와 사기 진작에 매우 부정적인 영향을 주었음을 알 수 있다.

더욱 심각한 것은 교육기관 소속 연구원의 경우였는데, 교육법에 따라 교육기관 소속 연구원의 임금은 노동자 평균 임금의 90%로 설정되었고, 문화, 예술, 농업 분야 교육기관 소속 연구원의 경우는 이보다도 낮은 임금이 지급되었다. 1990년대 말, 교육기관 소속 과학기술자들은 퇴직한 동료 연구원을 당국에 신고하지 않음으로써 받은 퇴직 연구자의 임금분을 현직 과학기술자들이 배분하여 취하는 등의 불법이 만연할 정도로 경제적 궁핍은 악화되어 갔다(Korol'kov, 2000).

1996년에 9개월간 지속된 노동 파업의 경우 러시아 전역으로부터 약 3,700개 기관 소속 356,000여 명의 노동자가 참여하였는데, 이중 교육기관 소속 노동자가 가장 많이 참여하였을 정도로 교육기관 소속 연구원에 대한 열악한 처우는 매우 심각했다.

국가 재정의 어려움은 과학기술자들의 임금 외에도 근무 환경에도 영향을 주었다. 대학교 교수를 포함한 고등교육기관 소속 연구원들은 구소련 시대와 달리, 최대 5년까지만 고용 계약이 가능했다. 평균 연령은 약 47.3세였는데, 한창 경제 활동을 통해 가족을 부양해야 하는 상황에서 고용 불안정 정책(Smolentseva, 2003)은 직업으로서 대학교 교수에 대한 회의감을 증폭시켰다. 또한, 컴퓨터 및 실험 시설의 노후화, 교육용 교재의 부족 등은 교육의 질적 하락으로 이어졌고, 후학과 신진 과학기술자의 양성에 큰 장애로 작용할 수밖에 없었다. 특히, 1998년 금융위기를 겪으면서 교육기관 연구원의 어려움은 더욱 심화되었는데, 이러한 열악한 상황이 1990년대에 많은 과학기술자로 하여금 학위와 무관한 직업으로 전직하거나 해외 이민을 통해 본인의 전문성을 지속하려는 선택으로 이어졌다.

4. 새로운 전환기: 과학기술자 수와 연구 성과

구소련 시대에 과학학술원 소속 연구원들은 풍부한 연구비와 높은 사회적 처우를 바탕으로 냉전 시대에 소련의 과학기술 발전을 주도해 나갔고, 첨단기술로 무장하여 미국과의 군비경쟁에 있어 양축을 형성하는 데에 지대한 영향을 주었다. 예를 들어 NATO와 관련된 군비경쟁에서 소련은 원자력 연구와 산업 분야의 전문 인력 양성의 필요성이 제기되었고 이를 위해 군사기술과 관련된 대학교를 설치한 반면, 국가는 과학기술자에 대해 군사기술 강국에 대한 반대급부로 각종 편의와 혜택을 제공하였다. 예를 들어 모스크바 항공대학교(Moscow Aviation Institute)는 1930년에 설치되어 러시아의 항공우주 기술의 핵심 연구 대학교로 성장하여 왔는데 국내에 잘 알려진 유인 우주선인 소유즈호라든지 전투기인 수호기를 제작하는 기술과 전문 인력을 보유하고 있다. 또한, 모스크바 물리기술대학교(Moscow Institute of Physics and Technology)는 1946년에 러시아의 국방 기술을 강화하기 위해 설치된 대학교로, 현재는 러시아의 물리학 외에 인공지능 분야의 핵심 연구 대학교로 성장하였다.

이러한 상황에서 1980년대 초까지 구소련의 과학기술자 수는 전 세계 과학기술자 수의 25%인 1,500,000명에 달하였으며, 체제 붕괴 직전인 1990년에는 1,943,000여 명에 이를 정도로 막대한 규모를 자랑하였다(Natalia and Yuriy, 2020). 그러나 구소련 붕괴 이후 강대국으로서 국제사회에서 군사 강국의 위상 유지와 동시에 시장경제의 성공적인 도입을 통한 경제 강국을 기대했던 러시아는, 경제 및 사회 시스템의 붕괴를 목도하게 되었다. 특히, 1998년 금융위기에 대해 속수무책으로 노출되면서 러시아 국민들은 예상한 것만큼 용이하게 서구 사회에 편입되지 못한 이유를 서방 국가의 탓으로 돌리게 되었을 뿐 아니라, 과거로 회복할 수 없는 것에 대한 실망과 자존감의 상실을 체감하였다.

특히, 체제 붕괴 이전까지 안정적이고 높은 수준의 삶을 유지하던 과학기술자들은 체제 붕괴 이후 낮은 임금과 높은 인플레이션으로 경제적으로는 중산층 이하로 내몰릴 뿐 아니라, 높은 교육 수준이 반드시 사회적 지위와 양립할 수 없다는 인식을 갖게 하였다(Smolentseva, 2003). 심지어 1992년에 러시아가 비무장화를 내용으로 추진한 국방개혁은 과거와 달리 첨단 군사기술 개발의 필요성을 저하시켰고, 과학기술자의 실업으로 이어졌다(Paul-Hus et al., 2015).

구소련 당시 고등교육의 무료 제공과 졸업 후 경제 활동의 보장은 체제 붕괴와 함께 고등교육 영역에도 시장경제 체제가 도입되었다. 고등교육에 사립학교의 설치가 가능해졌고, 공립학교에 등록금 제도가 도입되었으며, 학생 등록금 대출 등이 추진되었다. 또한, 경쟁 체제를 확대하기 위해 과거에는 타 지역 소재 대학교에 응시하지 못하던 제도를 폐지하고, 고등교육에 전국 입학시험을 도입하여 성적에 따라 희망하는 대학교에 지원할 수 있게 되었다.

자본주의와 경쟁 체제는 경쟁력을 강화시킨다는 긍정적인 측면이 있었으나 구소련 시대와 달리 유상의 등록금을 납부하면서 고등교육을 이수하였다는 사실이 직업 제공을 담보해 주지 않는 상황으로 이어졌다. 오히려 유상 교육을 이수한 젊은 세대들은 보다 나은 경제적 처우가 보장되는 직업을 선호하는 사회적 분위기를 형성시켰다.

[표-7] 1990년대 국립 및 사립 대학교 수 추이

(단위: 개)

	1985	1992	1995	1999
국공립 대학교	502	535	569	590
사립 대학교	–	–	193	349

출처: Smolentseva(2003)

정치 불안정과 경제 침체에 따라 국가의 우선순위는 정치, 경제 및 사회적 개혁에 초점이 있었고, 과학기술은 우선순위에서 밀렸다. 구소련 시절에 지원되었던 연구비의 급격한 삭감, 연구 인력에 대한 임금 감소 그리고 사회적으로 낮은 인식과 처우는 연구원 수의 하락으로 현실화되었다. 1991년에 1,677,000여 명, 1992년에 1,532,000여 명으로 하락했다가 1993년에는 1,315,000여 명까지 과학기술자 수의 감소로 나타났는데, 1990년 대비 1995년에는 약 45.4%가 감소하는 모습을 보여주었다.

이중 연구기관 소속 과학기술자의 감소가 두드러졌는데, 1992년 804,000명에 이르던 연구기관 소속 과학기술자는 1999년에 420,400명으로 급감하였고(HSE, 2000), 모스크바 지역만 한정해서 살펴보면 1992년에서 1998년 사이에 연구기관 과학기술자는 47.3%가 감소하였다(Korol'kov, 2000).

이처럼 1990년대에 들어와 러시아 과학기술계는 혼동과 이탈의 상황으로 요약되었다. 전문성을 보유한 과학기술자들은 연구 활동을 지속하기 위해 해외 이민을 선택하거나 경제 활동을 유지하기 위해 새로운 직종으로 전환하였다. 해외 기관들이 러시아의 우수한 과학기술자를 유치하거나 연구 성과를 활용하기 위한 활동이 활발해진 것도 1990년대라 할 수 있는데, 미국의 맥아더 재단(MacArthur Foundation), 카네기 그룹(the Carnegie Corporation)과 민간연구개발재단(the U.S. Civilian Research and Development Foundation), 조지 소로스(George Soros) 등과 미국 물리학회와 수학회 및 유럽과 일본의 관련된 기관은 러시아에 연구개발비를 지원하기도 하였다. 해외로부터의 막대한 연구개발비 지원은 러시아의 우수한 과학기술자로 하여금 해외에서 연구개발 활동을 지속할 수 있다는 희망을 가지게 함으로써 두뇌 유출을 가속시켰다. 1990년부터 1999년까지 10년간 약 80,000여 명의 러시아 과학기술자들이 해외 이민을 선택하였고, 이 중 약 73%가 박사학위 소유자였으며[5], 연구와 무관한 직종을 선택하여 해외에서 경제 활동을 유지하려는 과학기술자도 상당수였다[6].

러시아 과학기술자들이 주로 선호한 이민 대상 국가로는 이스라엘, 미국, 독일이었는데, 1/3은 이스라엘을 이민 국가로 선택하였다(Kuznetsov, 2013).

---

5) http://www.demoscope.ru/weekly/2017/0753/tema03.php

6) https://www.wilsoncenter.org/article/

[표-8] 1990년 후반 인구 1,000명당 연구원 수 현황

(단위: 명)

구분	1998	1999	2000
러시아	8.42	7.90	7.78
OECD 평균	5.89	6.02	6.08

출처: OECD (https://data.oecd.org/rd/researchers.htm)

러시아 연구원 수에 대한 객관적인 수치가 공개된 것은 1990년대 후반에 들어서인데, 상기 표는 OECD가 공개한 러시아의 연구원 수 추이로, OECD 회원국의 평균보다는 높은 수치를 보이고 있으나 평균적으로 OECD 회원국들의 연구원 수가 증가하는 반면, 러시아 연구원 수는 시간이 지날수록 감소하고 있음을 보여주고 있다.

러시아 과학기술자 수의 감소는 특히 민간연구소의 경우 두드러졌는데, 공공연구소의 경우 정부로부터 재정 투자가 이루어진 반면, 민간연구소의 경우 정부의 재정 지원이 없는 상황에서 경제 침체를 직면하면서 과학기술자의 이탈이 가속화되었다. 김용환(1996)은 1995년과 2000년의 연구원 수를 비교하면서 5개년 동안 민간연구소의 경우 약 20.5%, 공공연구소의 경우 약 11.4%가 감소하였음을 보여준 바 있다.

[표-9] 1995년과 2000년의 연구소 유형별 연구원 수 감소 추이

(단위: 명)

연도	1995		2000	
구분	민간 연구소	공공 연구소	민간 연구소	공공 연구소
연구원 수	336,671	146,342	267,640	129,725

출처: 김용환(1996)

과학기술자들의 이탈은 1998년 금융위기를 겪으면서 러시아 정부의 연구개발 예산 지원 감소, 연구소의 인력에 대한 구조 조정 및 초인플레이션 대비 낮은 임금 등으로 더욱 가속화되었고, 결국 두뇌 유출(Brain drain)이라는 국가 차원의 문제를 야기하였다(Huisman et al., 2018). 특히, 교육기관의 노후화된 연구 장비와 서적 및 해외 저널 구매도 어려운 불충분한 재정 상태 등의 상황은 교육기관 소속 과학기술자들의 이탈로 이어졌으며, 우수한 연구 성과를 낼 수 없는 상황이었다.

[표-10] 1990년대 논문 수 추이

(단위: 건)

구분	1997	1998	1999	2000
논문 수	18,133	17,165	17,145	17,180

출처: NSF(2014)

상기 표는 1990년대 후반 러시아에서 게재한 논문 수의 추이로, 1997년 이후 지속적으로 하락하여 갔음을 보여준다. 이와 같은 연구 성과의 하락은 단기적으로 해결될 수 없는 구조적 문제에서 비롯되었다는 점을 고려하면 1990년대 러시아의 새로운 전환기에 있어 과학기술은 암울한 시기였다고 할 수 있다.

1950년에 태어난 Sergey는 모스크바 외곽의 가난한 가정에서 태어났다. 18세가 되면서 Sergey는 대학 진학을 위한 학과를 선택하여야 했다. 가난한 가정에서 연필과 노트 외에는 접해본 적이 없었던 Sergey의 유일한 장점은 수학을 잘하는 것이있다. 수학과로 진학을 고민하던 그에게 학교 선생님은 당시 미·소 군비경쟁은 지속될 것이고, 물리학이 앞으로 전망 있는 분야가 될 것이라고 조언하였다. 제2차 세계대전에서 핵폭탄의 위력을 알고 있던 Sergey는 선생님의 조언에 따라 물리학을 전공으로 선택하였다.

1970년대의 소련은 군사 영역이 모든 것에 우선하였다. 특히, 1973~1974년과 1978년부터 1980년까지 2차례의 국제 유가 상승은 소련이 군비경쟁을 위한 풍부한 재원을 마련하게 해주었고, 물리학자로서의 미래가 보장되는 것 같았다. 소련에서 실업이란 존재하지 않았고 대학교는 모두 공립이었기 때문에 학비는 무료였으며, 의료 보장도 무료로 제공되었다. 20대의 Sergey에게 직업 선택은 경제적 수단보다는 과학기술자라는 직업을 통해 소련의 특권층으로 편입될 수 있는 경로를 찾는 것에 의미가 있었다.

1980년 물리학 박사학위를 취득한 Sergey는 공공 연구기관에 배치되었다. 당시 과학기술자는 대학교를 졸업하거나 학위를 취득하면 국가에 의해 지정된 곳에서 최소 3년을 근무하여야 했다.
소련에는 노멘클라투라(nomenklatura)라고 해서 당에서 작성한 고위직 후보 명단이 있었고, 후보 명단에 속해야 고위직으로서 특권을 향유할 수 있었다. Sergey는 3년 의무 근무 직후 당에 관심을 얻기 위해 군사기술과 관련된 연구기관에 지원하였다.
노멘클라투라에 속하게 되면 국가 권력적인 측면 외에도 모든 소득에 대한 면세, 퇴직 후 일반 노동자 임금의 2배 이상이 되는 연금 지급, 특별 생필품 지급, 여름 별장 제공, 공휴일 무료 휴양지 숙박 등 일상생활 전반에 있어 다양한 혜택이 주어졌다.
이러한 특권층은 주로 공산당 간부, 장관, 공공기관장, 우수 과학기술자 및 학자, 전우회장, 대법원장 등이 해당하였고, Sergey가 특권층에 들어가기 위해 선택할 수 있는 것은 군사기술과 관련된 물리학 분야에 우수한 과학자로 인정받는 것이었다.

30대 물리학자인 Sergey의 연봉은 국가에서 정해졌고, 일반 노동자보다 월등히 높지는 않았지만 정부에서 안정적인 연구비를 지원해 주었으며, 작은 아파트가 제공되었다. 물론 한 층에 9개 가구가 거주하는 아파트에다가 10년 전부터 대기 목록에 올린 세탁기가 아직 순번이 되지 않아 공동 세탁실을 사용해야 하는 불편은 있지만, 대부분이 과학기술자이고 유사한 목적과 배경을 가지고 있는 점에서 동질감을 느낄 수 있는 분위기였다.

Sergey는 영어에 익숙하지 않았고, 정부에 의해 국제학술지에 논문 게재가 허용되지 않은 전문 분야를 가지고 있다 보니 주로 러시아 학술지에 논문을 게재할 수 있었다. 실험실의 장비는 워낙 견고하게 만들어져 있어서 추가로 구매할 필요가 없었고, 일부만 고치면 평생 연구실에서 사용이 가능할 정도였다. 아직은 자신만의 실험실을 꾸릴 수 없으나 언젠가는 많은 연구원과 연구조원으로 채워진 실험실을 갖게 될 것을 기대하고 있었다. 그는 점점 학계에서 인정을 받고 있었고, 10여 년 후인 50대에 들어가면 과학학술원에서 정식 회원으로 인정되어 사회 특권층으로 진입할 수 있다는 희망도 가질 수 있었다.

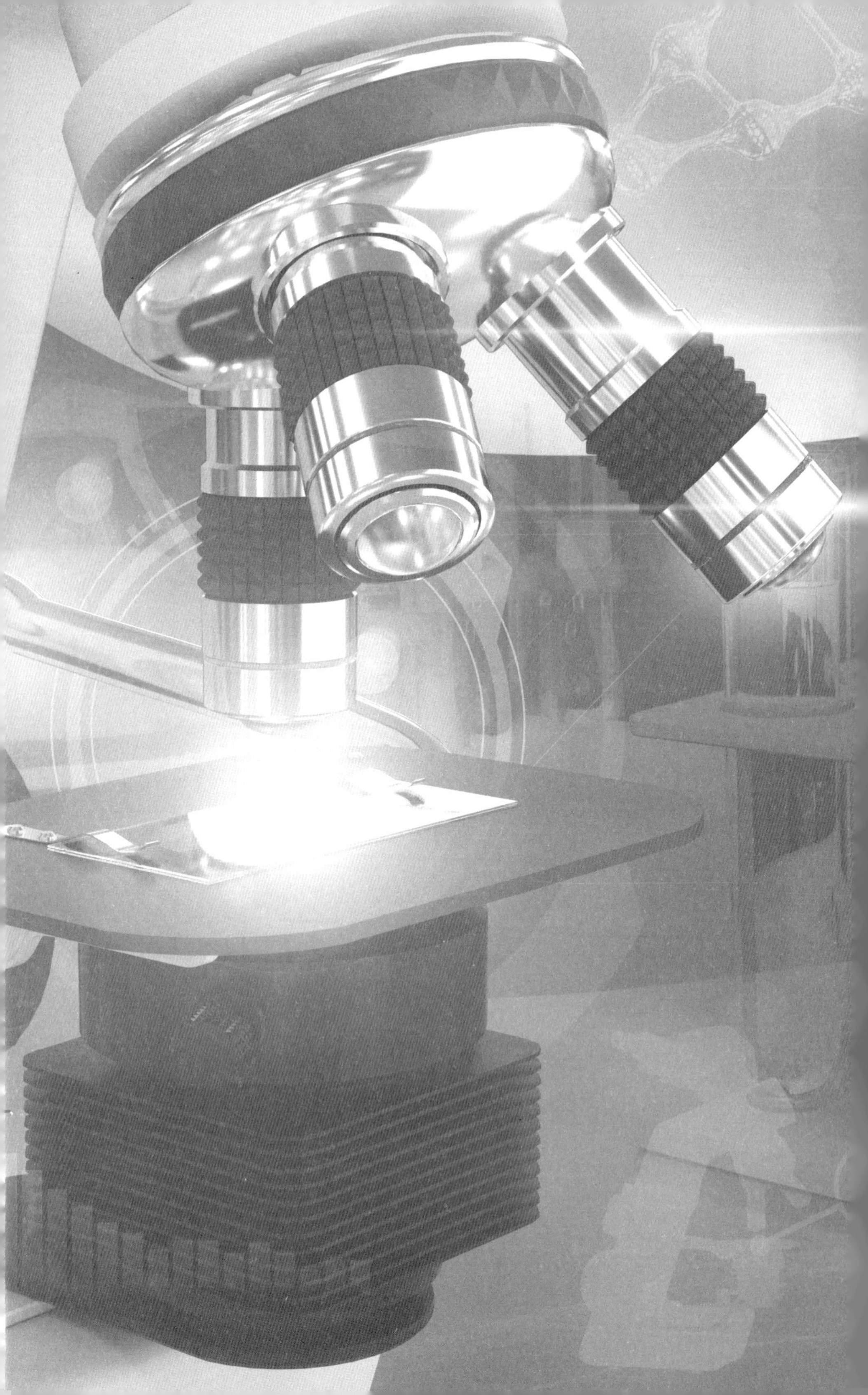

제4장

푸틴 집권기: 2000~2013

1. 러시아 노스탤지어
2. 경제
3. 과학기술 정책
4. 사회적 인식 및 처우
5. 과학기술자 수와 연구 성과

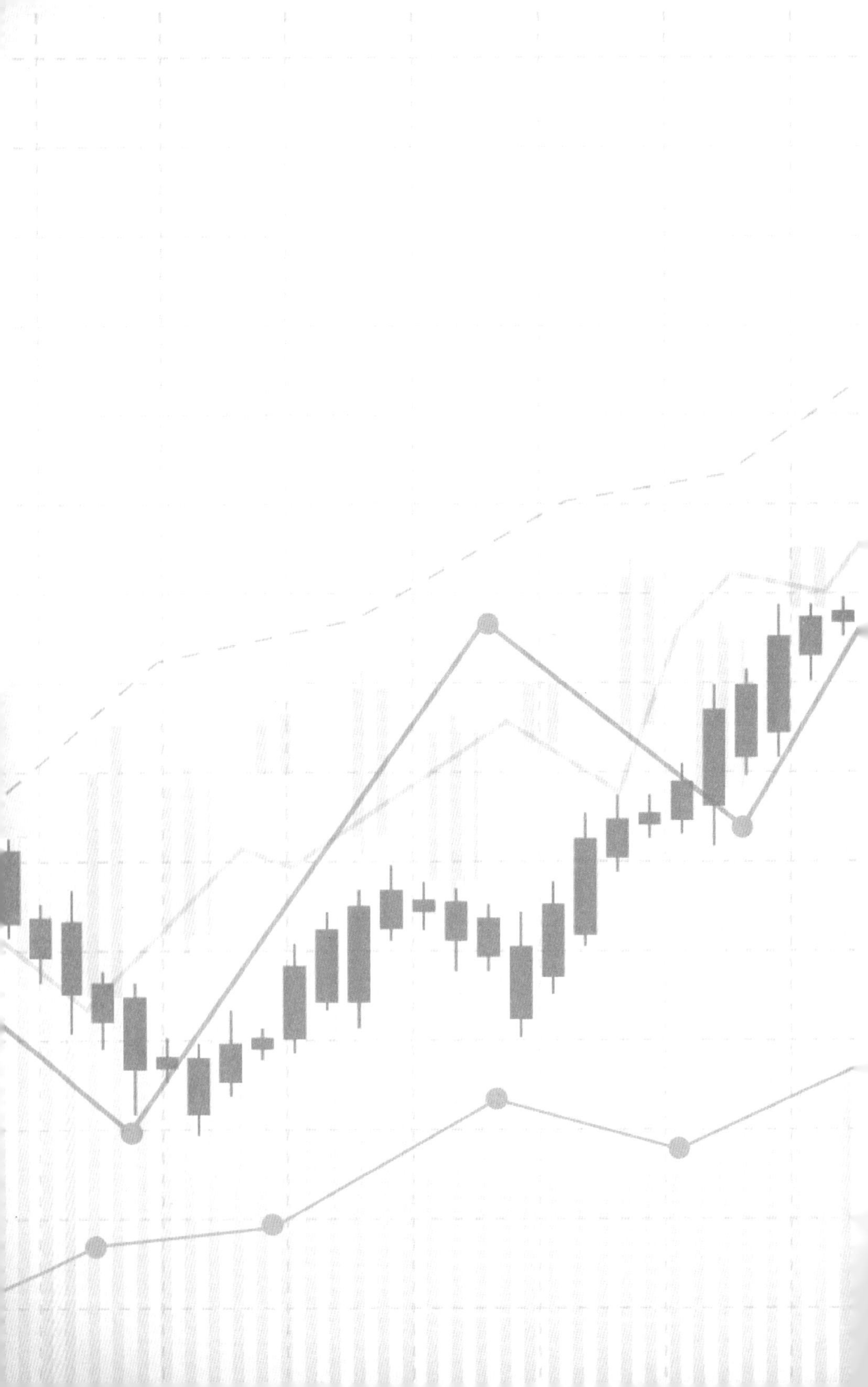

1990년대 러시아는 경제 침체와 정치적 혼란을 직면하면서, 체제 안정과 자원 중심의 경제 성장에 정책의 우선순위가 설정되었다. 옐친 정부에 의해 과학기술을 진흥시키려는 노력이 표출되기도 하였으나 구소련 시대만큼 과학기술은 정책의 우선순위가 될 수 없었다.

또한, 과학기술자들이 그동안 향유해 오던 특권과 혜택은 체제 붕괴와 함께 단기간에 축소되거나 혹은 폐지되었고, 오히려 낮은 경제적 처우와 적은 연구개발비로 인해 과학기술자들의 이탈을 촉진시켰다. 이러한 사회적 신분과 처우의 하락은 과학기술자들의 전직과 해외 이민의 형태로 나타났고, 연구개발 성과의 감소로 이어졌다.

1990년대의 전환기는 러시아 과학기술계에 있어 혼란과 퇴보를 넘어 붕괴로 인식될 수밖에 없는 암울한 시기였다. 전술한 바대로 1990년대 러시아 노스탤지어를 확인할 수 있는 객관적 자료가 부재하여 이를 기술하기는 어려우나 당시 과학기술자들에게 체제 전환의 당위성은 납득하기 어려웠을 것이고, 소위 러시아 노스탤지어는 사회 전반에 강하게 작용하고 있었음을 추론할 수 있다.

이하에서는 2000년 대선을 통해 집권한 푸틴 집권기의 러시아 과학기술을 주요 요인을 중심으로 살펴본다.

1. 푸틴 집권기: 러시아 노스탤지어

2004년 푸틴 대통령은 소련 붕괴를 통해 얻은 것은 전무하고 오히려 문제만 야기했다고 비판하면서 소련의 붕괴는 국가적 비극이라고 주장하였다. 또한, 일부 학자들은 소련이 붕괴되었다 하더라도 자본주의는 수용하지 말고 사회주의가 유지되었어야 한다는 주장을 제기하는 등 2000년대에 들어와 소련 붕괴에 대해서는 사회 전반에 부정적인 여론이 높았다.

2000년대는 1990년대와 달리 구소련에 대한 동경, 즉 러시아 노스탤지어에 대한 객관적 자료의 확인이 가능한데, 아래의 표는 2000년부터

2012년까지 러시아 국민을 대상으로 시행한 여론조사 결과를 보여준다. 2000년에는 약 70%가 구소련 시대를 동경하는 것으로 나타났는데, 이는 1990년대 전환기가 경제적, 사회적, 정치적 측면에서 얼마나 불안하고 혼란스러웠는지를 의미한다. 특히, 2005년 여론조사에는 66%가 구소련 시대를 동경한다고 응답하면서 그 배경으로 구소련은 국제사회에서 강한 국가의 이미지를 가졌고(26%), 국가 안정과 미래가 보장되었으며(24%), 물가가 안정되었었음(20%)을 선택하였다. 즉, 대외적으로는 냉전 시대의 군사 강국이자 미국과의 양대 축이었던 국가의 위상이 하락한 점과 대내적으로는 높은 실업률과 초인플레이션 등 경제 위기가 심화된 점이 러시아 노스탤지어를 강하게 유발시켰다고 할 수 있다.

[표-11] 푸틴 집권기의 러시아 노스탤지어 추이

(단위: %)

	2000	2005	2008	2012
러시아 노스탤지어	70	66	57	49

출처: The Moscow Times[7] 및 White(2018) 재구성

한편, 1999년 이후 지속된 유가 상승이라는 대외적 호재와 푸틴 집권이라는 대내적 변화는 러시아 국민에게 새로운 기대를 하게 하였다. 실제로 푸틴 집권기에 들어와 높은 유가 상승에 따른 경제 호황, 인플

7) https://www.themoscowtimes.com/2020/03/24/75-of-russians-say-soviet-era-was-greatest-time-in-countrys-history-poll-a69735

레이션 하락, 실업률 감소는 경제정책의 성공과 효과성을 러시아 국민들이 체감하도록 하였다. 2005년에는 건강, 교육 및 주택 보급을 위한 국가사업이 추진되고[8], 사회보장제도가 적극적으로 확대됨으로써 국민 생활의 안정을 도모하는 등 러시아 국민으로 하여금 삶의 질이 이전보다 향상되고 있음을 체감하도록 하였다.

또한, 2000년 체첸과 전쟁 및 2008년 조지아 침공을 통해 강한 국가의 이미지를 회복하려고 하였는데, 특히 2008년 조지아가 미국과 유럽 등 서방 세력에 의지하여 나토 가입을 희망한 상황에서 한 달 만에 러시아가 전쟁에 승리하면서 국제사회에 러시아가 여전히 건재함을 과시하기도 하였다.

이와 같은 양상은, 2000년대 푸틴 집권기에 들어와 러시아 노스탤지어의 두 가지 내용, 즉 대외적으로 강한 국가와 대내적으로는 경제적으로 성장하고 안정된 국가 이미지가 어느 정도 실현되는 것처럼 보였다. 상기 표와 같이, 2000년에 구소련의 동경은 70%에서 시작하여 2012년까지 지속해서 하락하는 결과는 이를 방증한다.

한편, 2008년의 러시아 노스탤지어의 배경은 다소 특이한데, 경제

---

8) BBC Russian Россия Путин очертил "дорожную карту" третьего срока". BBC

침체에도 불구하고 수치상으로 감소하는 것으로 나타났다는 점이다. 이는 전술한 것처럼 조지아와의 전쟁에서 강한 국가 이미지를 회복하였다는 점과 2008년 금융 위기로 인한 경제 침체가 서방의 경제정책 실패에서 야기된 것으로 이해하고 있었다는 점이다. 아래는 2000년부터 미국과 EU 등의 서방 국가에 대한 러시아 국민의 선호도를 보여주는데, 2008년에 조지아 침공과 금융 위기의 배경이 미국과 EU에 있다는 국민 의식이 표출된 결과라 할 수 있다.

[그림-3] 푸틴 집권기의 미국 및 EU에 대한 선호도 조사 결과

(단위: %)

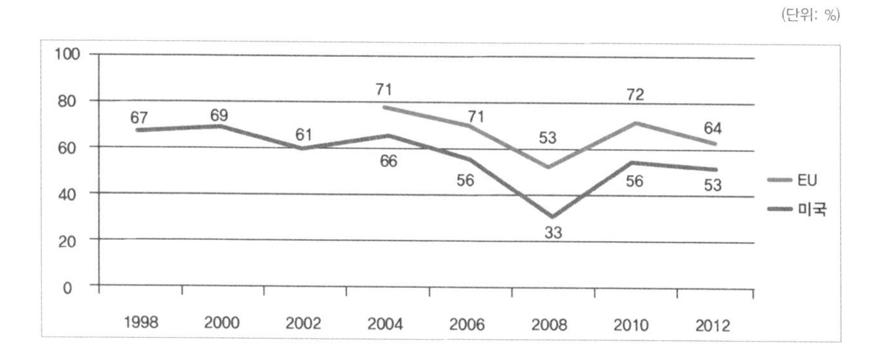

출처: https://www.levada.ru/

2008년 미국에 대한 러시아 국민의 선호도는 33%로, 1990년대 후반의 선호도보다 훨씬 낮게 나타났으며, 유럽에 대해서는 2004년 78%에서 2008년 53%를 보여줌으로써 2008년 러시아를 둘러싼 국제 정세와 경제 상황이 서방의 잘못에 있다는 당시 러시아 국민들의 여론을

입증해 준다. 특히, 서방의 조지아 지원은 과거 구소련 체제의 붕괴를 넘어 러시아의 분열을 도모하고 있다고 생각하고 있을 정도였다.

푸틴 집권기에 들어와 높은 유가로 인한 경제 상황의 개선, 서방에 대한 불신은 푸틴 정부에 대한 국민 지지도를 높였고, 푸틴 정부는 이를 기반으로 더욱 강화된 중앙집권화를 추진할 수 있었다. 강한 국가와 경제성장으로 요약되는 러시아 노스탤지어는 푸틴 집권기에 들어와 정책적으로 활용되면서 내부 결속력을 강화시키고, 중앙집권에 기반한 국가 통제를 촉진할 수 있었다(Lankina, 2009).

실제로 2012년 대선 당시 푸틴은 대중의 지지를 얻기 위해 러시아 노스탤지어를 더욱 활용하게 되는데, 강한 국가로서의 회복과 경제성장을 통해 사회보장 확대와 물가 안정을 선거 공약으로 제시한 바 있다. 이와 같은 러시아 노스탤지어의 정치적 활용은 지속되었고, 2012년 대통령 선거 당시 63.6%의 지지율은 2018년 대통령 선거에서 76.7%로 증가하는 결과로 이어졌다[9].

러시아 노스탤지어의 정치적 활용은 국제관계에서도 나타났는데, 2014년 브라질에서 개최된 제6회 BRICS 정상회담에서 회원국들은 새로운 개발은행(New Development Bank) 창설을 합의한 바 있는데, 물론 중국이 자국 중심으로 세계 경제를 재편하려는 야욕도 있었으나

9) https://wciom.ru/

러시아는 미국 및 서방 국가 주도로 운영되는 세계은행(World Bank)이나 세계통화기금(IMF)을 자국 주도로 재편함으로써 러시아의 경제를 보호하고, 국제사회에서 러시아의 글로벌 위상을 강화하려는 목적이 있었다.

2. 푸틴 집권기: 경제

2000년 푸틴 집권기의 경제에 있어 가장 영향력이 큰 외생변수는 원유 가격 상승이라 할 수 있다. 러시아의 자원 의존형 경제구조는 2000년에 들어와서도 지속되었는데, 2005년 당시 GDP의 25%가 원유 및 가스 산업에서 발생한 수익에 기인한 결과이며, 러시아 수출액의 35%는 원유 판매액이 차지하고 있다는 사실은 1990년대 경제구조가 2000년에 들어와서도 더욱 강화되고 고착화되어 왔음을 보여준다(이종문, 2006).

[표-12] 2000~2013년까지 배럴당 원유 가격

(단위: USD)

	2000	2002	2004	2006	2008	2010	2012
원유 가격	27.6	24.36	36.05	61	94.1	77.38	109.45

출처: https://tradingeconomics.com/commodity/crude-oil

상기 표를 살펴보면 2000년에 배럴당 27.6 달러로 시작한 원유 가격은 지속해서 상승하여 2012년에는 109.45달러로 거래되었는데, 이러한 원유 가격의 상승은 1990년대의 악화된 재정 상황의 전환을 의미하였고, 국가 경제의 호황은 일자리 창출로 이어졌다.

아래의 표는 2001년부터 2013년까지의 실업률 추이를 보여주는데, 금융위기가 발생한 2008~2009년에 한시적으로 실업이 증가하였다가 다시금 안정적인 상황으로 전환되어 점진적으로 개선되어 갔음을 보여준다. 특히, 금융위기에도 불구하고 경제 지표가 개선된 것으로 나타나는 것은 유가 상승과 함께, 2008년 금융위기 당시 러시아 중앙은행의 조치가 매우 효과적이었음을 의미하였다.

[표-13] 2000~2013년까지 실업률 추이

(단위: %)

	2001	2003	2005	2007	2009	2011	2013
실업률	9	8.2	7.1	6	8.3	6.5	5.5

출처: World Bank(https://data.worldbank.org/indicator/)

2008년 금융위기에 대한 효과적인 대응은 실업률의 하락뿐만 아니라, 인플레이션과 같은 경제 지표에서도 확인해 볼 수 있는데, 아래의 표는 2000년대에 들어와 1990년대에 비하여 상대적으로 안정적으로 국가 경제가 운영되고 있었음을 보여준다. 1999년에 36.6에 달하던 인플레이션은 2001년에 21.5로 하락하였고, 금융위기가 발생한 2008년에 일시적으로 상승하였다가 2013년에는 6.8까지 하락하였음을 보여 주고 있다.

[표-14] 2000~2013년까지 러시아의 인플레이션 추이

(단위: %)

	2001	2003	2005	2007	2009	2011	2013
인플레이션	21.5	13.7	12.7	9	11.6	8.4	6.8

출처: World Bank(https://data.worldbank.org/indicator/)

이처럼 푸틴이 집권한 2000년대에 들어와 원유가격의 상승은 러시아 경제 상황을 개선하는 주요 원인이 되었고, 1990년대와 달리 2008년의 금융위기와 같은 대외 충격에 대해 경제정책이 효과적으로 작동하면서 인플레이션이나 실업률의 빠른 회복이 이뤄졌다.

또한, 2000년 전후의 원유가격 상승은 1998년의 모라토리엄 선언 이후 러시아의 심각한 재정 위기에 대한 국제사회의 우려를 일순간에 해소하였는데, 아래의 표는 2000년부터 2010년까지 러시아의 외환보유고 추이를 보여준다. 2005년의 경우만 보면, 러시아의 외환 보유액이 1,882억 USD로 세계 5위를 차지하는 등 푸틴 집권기에 들어와 경제는 지속해서 호황이 유지되고 있었다.

[표-15] 2000~2010년까지 러시아의 외환 보유고 추이

(단위: Mil. USD)

구분	2000	2002	2004	2006	2008	2010
외환 보유고	27,972	47,793	124,541	303,732	426,283	479,374

출처: IMF International Financial Statistics

이와 같은 러시아 경제의 호황과 효과적인 경제정책은 소련 붕괴 후 러시아 사회를 재건하고 경제구조 등을 재편할 수 있는 기회였다. 그러나 1990년대에 등장하여 독점적인 부의 점유를 통해 경제적 및 정치적 권한을 행사하던 올리히가르(Oligarch)의 개혁에 대한 저항은 러시아의 경제구조 개편을 어렵게 하였고, 오히려 국유 자산 사유화의 지속과 기업 규제 철폐 과정에서 나타난 부정부패와 불법 로비 및 감세 조치에 따른 부의 불평등은 심화하여 갔다. 아래의 표는 2000년부터 2012년까지의 러시아 상위 1%의 국가 전체에 대한 소득 비율을 보여준다.

[표-16] 2000~2013년까지 러시아 상위 1%의 소득 비율

(단위: %)

구분	2000	2002	2004	2006	2008	2010	2012
상위 1%의 소득 비율	50.1	48.9	48.7	49.7	52.1	45.6	45.6

출처: World Inequality Database (https://wid.world/country/russian-federation/)

1999년 상위 1%의 소득 비율이 47.5라는 점을 고려하면 시간이 경과되면서 부의 불평등은 더욱 악화되어 갔음을 보여준다. 유가 상승으

로 인한 부의 축적은 소수의 올리히가르와 고위 관료 및 정치인을 중심으로 배분되었고, 독점적 지위에 속하지 못한 많은 이들은 상위 부유층에 편입되기 위해 높은 지대를 제공하고 불법적인 로비를 펼쳤다.

경제 호황에도 불구하고 소득 불균형은 대부분 러시아 국민의 삶의 질 하락으로 이어졌는데, 2005년 러시아 정부는 다양한 복지정책으로 국민의 삶의 질 개선을 시도하였고, 2012년 재선으로 집권한 푸틴 대통령은 고용 보장, 연금소득, 건강보험이 포함된 사회보장제도를 전국적으로 시행하였으나(Korchagina and Migranova, 2014) 낙후된 의료시설과 교육 장비, 기본 생활을 영위하기에도 부족한 연금제도는 러시아 국민의 삶을 개선하기에는 역부족이었다.

러시아 경제의 구조적 문제는 GDP 성장률에서도 확인되는데, 경제 호황과 효과적인 경제정책에도 불구하고, 경제성장률은 2000년보다 낮은 수준이었음을 확인할 수 있다. 2008년 금융위기 당시의 경제성장률이 2012년까지의 GDP 성장률보다도 높게 나타나는 등 효과적인 경제정책이 지속해서 하락하는 경제싱상률을 성장세로 전환하기에는 미흡했다.

이는 경제 호황을 통해 수익을 보는 구조가 국가 전체가 아니라 일부 소수 특권층에 한정되었음을 의미하고, 이들의 개혁에 대한 강한 거부와 연합은 경제구조 개편을 불가능하게 하였다고 설명될 수 있다.

[그림-4] 2000~2013년까지 러시아의 GDP 성장률 추이

(단위: %)

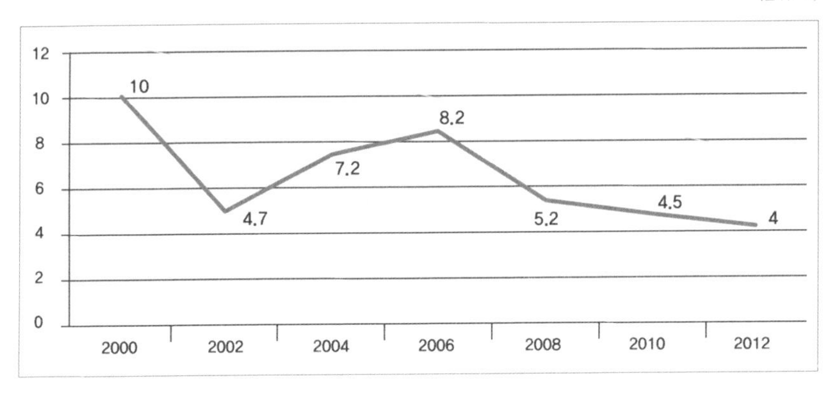

출처: World Economic Outlook (www.imf.org)

3. 푸틴 집권기: 과학기술 정책

푸틴 집권기에 들어와 2004년에 교육과학부(Ministry of Education and Science)를 설치함으로써 다양한 과학기술 정책을 추진하였다. 나아가 2009년에는 교육과학부 장관령에 따라, 과학기술 관련 예산 심의권을 교육과학부 권한으로 이양함으로써 과학기술 분야 예산의 안정적인 확보를 위한 제도적 틀을 마련하였고, 연구소와 대학교에 기술 사업화와 해외 우수 과학기술자를 초청할 수 있는 재정 지원 프로그램도 마련하였다. 구체적으로 2010년에는 우수과학자 유치 지원법을 마련하였고, 2012년에는 기술이전, 연방 혁신 플랫폼 구축, 과학단지 보존 및 과학기술 발전 전략 이행 프로그램, 민간의 지재권 배분에 관

한 법률을 마련하였다.

2013년에는 경쟁력과 수월성에 기반한 연구비 배분을 통해 과학기술 역량을 제고하기 위해 기존의 기초과학연구재단과는 다른, 별도의 러시아과학재단(Russian Science Foundation)을 설치하였다. 특히, 러시아과학재단은 평가과정의 공정성을 위해 전 세계 55개국에서 약 1,600여 명의 해외 과학기술자를 평가위원으로 활용하고 있다.

이외에도 러시아 정부는 기초 및 원천 연구 조정위원회 설치에 관한 법률을 마련하였고, 과학기술자의 세계적 수준의 논문 게재를 지원하고 연구소에 대한 연구비 지원 방안에 대한 정책 수립 등 다양한 분야에서 과학기술 정책이 논의되고 추진되는 모습을 보여주었다.

2013년 4월에는 과학기술 관련 재원의 효율적 투자와 배분을 통해 연구 성과를 극대화하려는 노력의 일환으로 과학기술 개발 우선순위 도출에 대한 정책이 수립되었는데, 이를 토대로 2013년 6월에는 2013~2020 과학기술 개발 계획(Development of Science and Technologies)이 대통령에 의해 승인되었고, 동년 8월에는 세부 실행계획이 마련되기도 하였다.

2014년 상트페테르부르크 경제포럼에서 푸틴 대통령은 러시아의 기술과 기업 영역에 있어 기술혁신의 필요성을 강조하였고, 2014년 연구개발 보조금 지급, 기술 표준화, 테크노파크 설치 등에 관한 산업 정책법을 채택하였으며, 2015년에는 첨단기술 육성과 수입 의존적 기술을 국내 기술로 대체하는 다양한 정책과 프로그램을 마련하였다.

이러한 과학기술 전담 부처 설치 및 과학기술 진흥 정책에 따라 2000년대 들어와 연구개발비의 지속적인 확대가 이뤄졌는데, 2012년에는 2000년 대비 약 82.6% 규모의 연구개발비가 증액되었다. 특히, 2008년에 금융위기를 직면하면서도 지속해서 연구개발비는 확대되어 갔다.

[그림-5] 2000~2013년까지 러시아 연방 정부의 연구개발비 추이

(단위: Mil. USD)

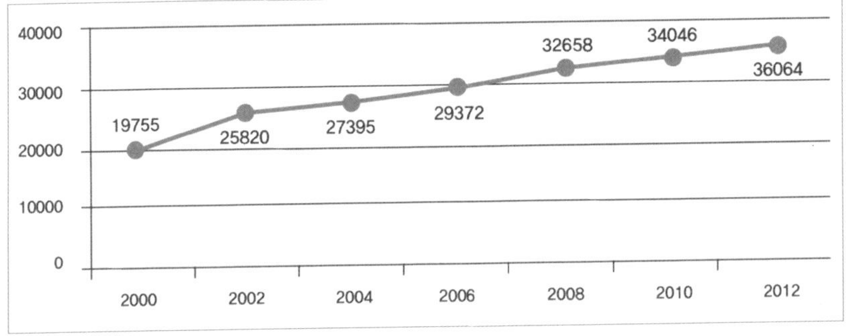

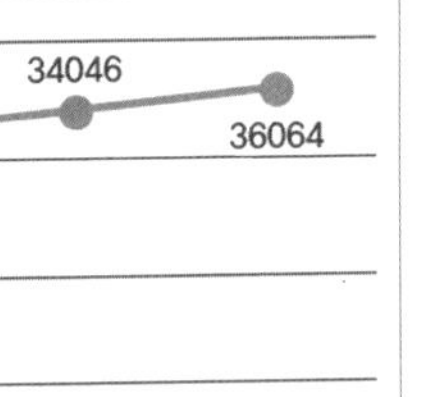

출처: OECD Main Science and Technology Indicators(https://data.oecd.org/)

연구개발비의 점진적 증가를 전년 대비 비율로 살펴보면 과학기술을 증진하기 위한 정부 정책의 노력을 더욱 명확히 확인할 수 있는데, 2000년대 푸틴 집권기 동안에는 GDP 대비 연구개발 투자비율을 1% 이상으로 유지하고자 하였다. 특히, 2008년에는 금융위기로 인한 재정적 상황에 따라 감소한 연구개발 투자비를 2009년에 증가시킴으로써 전년도에 감소한 연구개발비를 상쇄하려는 노력을 보여주었다.

[그림-6] 2000~2013년까지 GDP 대비 연구개발 투자비율 추이

(단위: %)

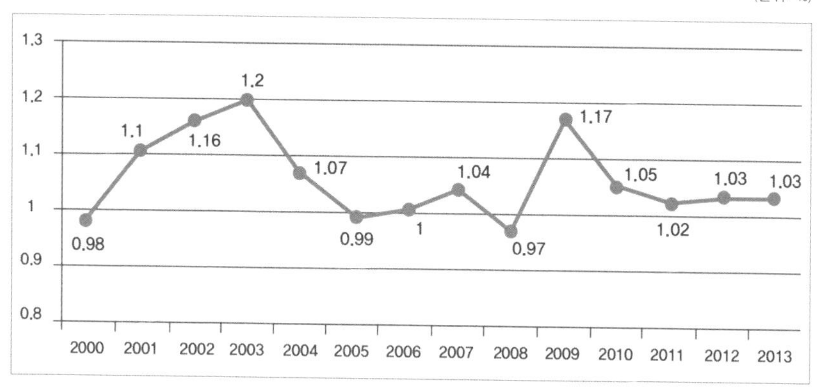

출처: OECD Main Science and Technology Indicators(https://data.oecd.org/)

푸틴 집권기에는 과학기술 전담 부처 설치라든지 경제 위기에도 불구하고 연구개발 예산을 확보하는 등 과학기술 진흥 정책이 이뤄졌다. 그러나 예산 측면에 한정해서 살펴보면 구소련 시절인 1991년에 연구개발비가 40,772백만 달러가 투입된 반면, 2012년에는 36,064백만 달러가 투입되었다. 이러한 사실은 물가 상승을 고려할 때 여전히 구소련 시대의 과학기술 우선순위 정책에는 미치지 못한다고 할 수 있다[10].

10) https://www.nature.com/articles/537S10a

4. 푸틴 집권기: 사회적 인식 및 처우

푸틴 집권기에 들어와서도 과학기술자에 대한 사회적 처우는 1990년대 말과 유사한 모습을 보여주었다. 교육기관 소속 과학기술자에 대해서는 심지어 2차 세계대전 수준에 비교될 정도로 경제적 처우가 여전히 좋지 않았고, 공공 분야나 민간 분야 연구원의 경우도 노동자 평균 정도의 경제적 대우가 지급되고 있었다.

2000년 국제교사의 날(International Teachers' Day)을 맞이하여 러시아 의회 앞에서는 교수와 교사의 시위가 있었는데, 당시 교수는 월급이 90달러, 교사는 49달러, 연구보조원은 8달러를 받는 현실을 비판하면서 획기적인 처우의 개선을 요구할 정도였다. 당시 최저 생활비가 100~150달러였다는 점을 고려하면 교육기관 소속 과학기술자들의 생활은 매우 궁핍한 상황이었다.

[표-17] 푸틴 집권기의 연구원 임금 비교

(단위: 루블)

구분	평균	공공 연구소	민간 연구소	교육기관 연구원
2003	5,712.8	4,969.6	6,124.3	4,749.1
2008	19,263.3	19,561.0	19,345.3	16,812.7
2010	25,043.5	24,792.1	25,359.7	23,716.4
2013	35,618.8	34,532.8	36,540.8	34,101.0

출처: 러시아통계청 홈페이지(www.gks.ru)

이러한 상황에서 2001년에 교육기관 연구원에 대한 임금을 20% 증액시키기는 하였으나(Danilova, 2001) 여전히 노동자 평균 임금 수준을 하회할 정도로 교육기관 연구원을 포함한 과학기술자들의 처우는 개선되지 않았다.

과학기술자들은 생활을 유지하기 위해 강의나 개인 교습 등의 부업을 선택할 정도였고, 대학교 교수는 일반적으로 강의 외에도 둘 이상의 연구소에서 근무해야 했다. 2012년 대선에서 재집권한 푸틴은 연구원, 교수 및 교사의 임금을 2018년까지 200% 상승시키겠다고 발표하기도 하였으나 실제로는 개선되지 않았고, 연구원과 교수들의 처우는 여전히 열악하였다.

낮은 경제적 처우와 함께 과학기술자라는 직업이 가지는 권위와 사회적 지위의 하락도 지속되었는데, 2000년대 초의 경우 약 2.2백만 명의 젊은 과학기술자들이 해외로 이민을 선택할 정도였다(Ushkalov and Malakha, 2000).

1990년대와 마찬가지로 과학기술자들은 새로운 직업으로 전직하기나 해외 이민을 선택하였는데, 이는 2000년대에 들어서도 해결되지 않는 러시아 연구계의 심각한 문제였다.

젊은 세대들은 과학기술자라는 직업을 선호하지 않았다. 구소련 당시에 과학기술자에게 제공되던 상대적으로 높은 급여나 주택은 더 이상 기대할 수 없었다. 특히, 1998년 금융위기를 겪으면서 사회적 권위보다는 경제적 가치를 우선시하는 사회적 분위기에서 최고의 선호 직업은 높은 급여를 지급하는 대기업에 종사하는 것이었고, 최종 목표는 CEO가 되는 것이었다. 물론 자본주의 사회에서 CEO의 선호는 보편적인 현상이나 직업으로서 과학기술자에 대한 인식은 서구 사회의 보편적인 인식과는 차이가 있었다.

[그림-7] 2003~2011년까지 러시아 부모의 자녀 직업 선택 선호도 추이

(단위: %)

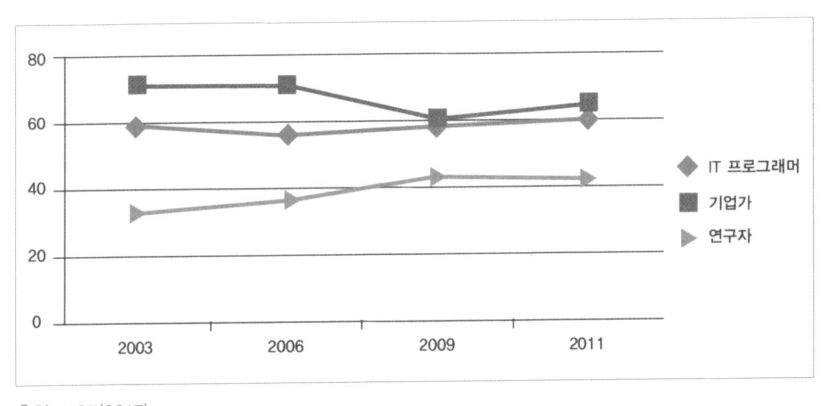

출처: HSE(2017)

상기 그림에서 확인할 수 있는 것처럼, 러시아 부모들은 자녀가 과학기술자를 직업으로 선택하기를 선호하지 않았다. 이는 과학기술자에 대한 낮은 경제적 처우와 사회적 인식을 반영한 것으로, 2003년에

기업가에 대해서는 72%의 선호도를 보여준 반면, 과학기술자는 32%만이 선호하였고, 2011년에는 기업가에 대해 65%의 선호를 보인 반면, 과학기술자에 대해서는 42%만이 선호하는 것으로 나타났다(HSE, 2017).

2006년부터는 과학기술에 대한 사회적 인식을 파악하기 위한 객관적인 여론조사[11] 결과가 나타나기 시작하였다. EC(2014)에 따르면 약 5개년 동안 유사한 결과를 보였는데, 대중의 관심은 과학의 창의적 발견이라든지 러시아의 전통적 강점 분야인 원자력이나 항공우주보다 의학 분야와 환경 분야에 상대적으로 관심이 높음을 보여주었다. 즉, 과학기술에 대한 사회적 관심은 러시아의 군사기술에서 파생된 원자력이나 우주항공 분야보다는 환경 및 수질 오염 등 일상생활과 밀접한 분야와 보건 및 의학 등에 과학기술이 기여해 줄 것을 요구하고 있었다[12] [13].

11) 러시아 정부에 의한 대중의 과학기술에 대한 여론조사는 과학자에 대한 여론조사가 아니라 과학기술의 유익 혹은 유해성을 조사한 것으로, 1996년부터 실시한 것으로 확인되고 있다. HSE(2017)에 의하면 과학기술의 사회적 유해성 여부만을 조사한 것으로 1996년, 1999년 약 85% 내외가 과학기술이 사회에 유익하다고 답변한 바 있으며, 2000년에 들어서는 90% 내외가 유익하다고 답변한 바 있다. 다만, 러시아 정부에 의한 과학기술에 대한 여론조사를 객관적 차원에서 보완하기 위해 본고는 2006년부터 3년마다 실시되는 European Commission의 보고서를 참고하였다.

12) 이러한 설문조사 결과를 과학기술을 분리하여 적용해 보면 과학보다는 기술에 초점을 두고 기술의 효용성에 관심을 두었다고 할 수 있다.

13) 이와 같은 대중의 과학기술에 대한 인식은 이미 러시아 정부에서도 인지하고 있었던 것으로 보이는데, 2005년 푸틴 대통령은 국가 5대 과제의 하나로 '건강'이라는 주제를

[표-18] 푸틴 집권기 초반 과학의 효용성 대한 여론조사 결과

(단위: %)

구분	과학 발명	의학	환경	원자력	우주	IT
2006	66	84	85	52	59	58
2009	60	86	88	55	60	62
2011	72	87	86	56	60	69

출처: EC(2014)

이러한 여론조사 결과는 러시아의 정부나 연구기관이 수행하는 과학기술이 사회적 수요와 괴리되어 있음을 보여준다. 이는 러시아 국민은 과학기술을 통해 수질 오염, 악취 등의 환경 오염과 보건의료 등의 생활 편의와 삶의 질이 향상될 것을 기대한 반면, 러시아 정부는 과학기술의 사회적 기여보다는 군사기술과 전략적 영역에 있어 과학기술의 기여를 중시한 결과라 할 수 있다.

5. 푸틴 집권기: 과학기술자 수와 연구 성과

2000년 푸틴 집권기에 들어와서도 과학기술계의 상황은 개선되지 않았다. 1990년대와 마찬가지로 과학기술자 수의 감소는 2000년에 들어와서도 지속되었다. 과학기술에 대해 개선되지 않은 사회적 인식

포함할 것을 지시함으로써 2006년 건강과 관련된 예산이 전년 대비 85% 증가하기도 하였다(NSB, 2017).

과 과학기술자에 대한 낮은 처우는 과학기술자들의 이탈을 지속해서 촉진하였고, 신진 과학기술자들이 과학기술자 직업을 선택하는 데에 장애로 작용하였다.

[표-19] 2000년~2013년 러시아 연구 인력 수 추이

(단위: 명)

구분	2001	2003	2005	2007	2009	2011	2013
연구원 수	890,718	867,456	826,007	814,329	745,978	741,183	725,591

출처: HSE(2019)

2001년부터 2013년까지를 비교하면 약 13년간 2001년 대비 18.5%의 과학기술자가 감소하였고, 러시아의 대표적인 종합 연구기관인 과학학술원의 회원 수[14] [15]는 2005년 기준 60,613명에서 2008년 54,576명으로 3년간 약 10% 감소하였다(Klochikhin, 2012). 이는 1990년대에 제시된 것처럼 연구원의 고령화에도 영향이 있지만, 과학기술자를 선호하지 않는 사회 분위기가 원인으로 제시될 수 있다.

14) 학술원은 일반 회원과 정회원으로 구분되고, 소련 붕괴 이전에 정회원이 되면 국회의원 비례대표, 학술원 운영 의결권, 연금, 주택 등의 혜택이 주어진 만큼, 정회원 수를 정부가 통제하고 있었다. 따라서 전체 회원 수의 증감은 당시 정부 정책을 유추하는 지표가 될 수 있다.

15) 2001년 푸틴 대통령은 학술원을 방문하여 2002년 학술원 예산의 150% 증액을 추진한 바 있었으나 학술원의 일반 회원의 처우 개선 등에는 크게 영향을 주지 못하였다.

러시아 과학기술자 수의 감소를 주요 국가와 비교하면 심각성을 확인할 수 있는데, 아래의 도표에서 2010년과 2013년에 러시아의 과학기술자 수는 일부 감소하는 현상을 보이는 반면, 미국, EU, 한국의 경우 3년 동안 과학기술자 수가 지속해서 증가하였음을 보여준다. 구소련 시대에 전 세계 25%의 과학기술자를 보유했다는 점을 상기하면 약 20여 년 동안 러시아 과학기술 상황이 얼마나 악화되었는지를 확인할 수 있다.

[그림-8] 2010~2013년간 국가별 연구원 수 추이

(단위: FTE)

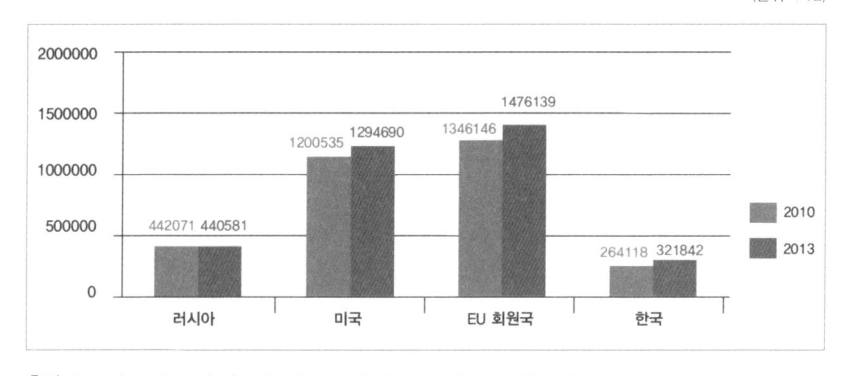

출처: Eurostat; Organisation for Economic Cooperation and Development

과학기술자 수의 감소는 특히 러시아 과학기술의 대부분을 차지하는 공공 연구기관 수의 감소로 이어졌는데, 민간 연구기관과 달리 정부로부터 안정된 연구개발비가 지원되는 공공 연구기관이 감소하였다는 점은 러시아의 과학기술 역량에 있어 위기로 해석될 수 있다. 구체적으로, 2000년 2,686개이었던 공공 연구기관은 2008년 1,926개로 급감

한 반면, 민간 연구기관은 284개에서 239개로 총 45개 감소에 그쳤다.

다만, 민간 연구기관이 수치상으로는 감소율이 공공 연구기관에 비해 상대적으로 적은 것처럼 보이지만, 연구원 수를 살펴보면 민간 연구기관의 상황도 공공 연구기관만큼 좋지는 않았다. 민간 연구기관 소속 과학기술자 수를 살펴보면 2000년 267,640명에서 2008년 209,579명으로 8년간 약 21.7% 감소로 나타남으로써 과학기술자는 공공이나 민간의 영역 구분 없이 지속적인 감소세를 보였다.

[표-20] 2000~2008년 러시아 주요 연구기관 수 추이

(단위: 개)

구분	2000	2002	2004	2006	2008
연구기관	2,686	2,630	2,464	2,049	1,926
기업부설 연구기관	284	255	244	255	239

출처: HSE(2016), Indicators of Science Statistical Collections

러시아 과학기술자들의 수적 감소는 공공 연구기관에 대한 구조조정과 예산 삭감으로 이어졌는데, 2013년의 경우 러시아 과학학술원(Russian Academy of Sciences), 농업학술원(Russian Academy of Agriculture Sciences) 및 의학원(Russian Academy of Medical Sciences)이 통합되어 일종의 정부 부처인 연방과학기구청(Federal Agency of Scientific Organizations: FASO) 산하에 속하게 되었다. 2013년에 많은 과학기술자의 저항과 반발에도 불구하고 연방과학기구청은 과학학

술원이 소유하던 모든 자산을 관리하여 과학기술에 대한 국가 통제와 관리가 강화됨과 동시에 러시아 과학기술계의 위상은 하락하여 갔다.

2000년대 푸틴 집권기에 나타난 과학기술자 수의 감소는 1990년대와 동일한 이유로 설명될 수 있다. 낮은 경제적 처우와 사회적 인식으로 인해 해외로 이민을 하거나 전공과 무관한 전직이 그것이다. 이제 러시아에서 두뇌 유출은 1990년대 말의 일시적인 현상이 아니라 고질적인 사회 문제로 대두하였다.

2005년에 60여 개의 개발도상국을 대상으로 한 두뇌 유출에 대한 설문조사 결과, 러시아는 두뇌 유출의 심각성이 제일 높게 나타난 반면, 해외의 우수 인재 유치를 통한 두뇌 유입 가능성은 제일 낮게 나타나고 있었다.

[표-21] 두뇌 유출에 대한 주요 국가별 여론조사

(단위: %)

	두뇌 유출의 심각성	두뇌 유입의 가능성
인도	21	32
브라질	30	29
멕시코	45	39
러시아	60	28

출처: IMD(2005), World Competitiveness Yearbook

두뇌 유출과 관련된 다른 지수는 이민자 중 고등교육 이상의 이수자 수에서도 확인할 수 있는데, 아래의 표는 2000년부터 2008년까지 이민자의 수와 이민 국가 및 고등교육 이수자 비율을 나타낸다. 고등교육 이수자의 이민 비율은 점진적으로 감소하기는 하였으나 여전히 30% 이상을 차지하고 있음을 보여준다.

[표-22] 2000~2008년 이민자 중 고등교육 이수자 비율

(단위: 명, %)

구분		2000	2005	2008
이민자 수(명)		45,800	60,900	73,100
대상국별 (%)	유럽	48.3	36.0	28.5
	미국	2.5	12.2	18.7
	아시아	37.9	31.4	24.3
고등교육 이수자 비율(%)		36.8	34.3	33.6

출처: Rosstat, Labor and Employment in Russia in 2011

이를 아래의 표에서 조금 더 구체적으로 살펴보면, 러시아 국민이 가장 많이 이민 가는 국가는 유럽 중 독일이었고, 미국의 경우 러시아 이민자의 50% 이상이 고등교육 이수자로 나타났으며, 독일과 미국을 합치면 이민자 중 고등교육 이수자는 80%에 해당하였다.

[표-23] 2000~2006년까시의 독일과 미국의 러시아 이민자 수

(단위: 명)

	2000	2001	2002	2003	2004	2005	2006
독일	32,730	35,930	36,480	31,780	28,460	23,080	17,080
미국	16,940	20,310	20,770	13,940	17,410	18,080	13,190

출처: OECD International Migration Database (http://stats.oecd.org/)

특히, 러시아의 젊은 과학기술자들은 자국이 아닌 유럽에서 과학기술자로 활동하기를 희망하였는데[16], 열악한 사회경제적 처우, 정부 차원의 낮은 과학기술에 대한 투자 및 연구 장비의 노후화를 원인으로 들 수 있을 것이다.

이러한 상황에 직면하자, 2010년 러시아 정부는 자국 대학교의 경쟁력을 강화하고 해외에 나가 있는 우수한 과학기술자의 귀국을 위해 '혁신적인 러시아를 위한 과학과 교육 인력 프로그램'에 3조 원을 투자하는 정책을 제시하기도 하였다. 그만큼 러시아 과학기술의 인력난이 심각해져 가고 있음을 보여준다(Schiermeier and Severinov, 2010). 또한, 2005년에는 구소련 시절부터 유지되어 온 대학교 입시의 불평등을 해소하려고 하였는데, 예를 들어 모스크바 외의 지역에 거주하는 입시생은 모스크바 소재 대학교에 지원할 수 없다 보니 우수한 교육을 받을 기회가 박탈되고 있었다. 이를 해소하고자 러시아 정부는 국가 주관 입학시험을 도입하여 예비 대학생들의 타 지역 대학교의 지원을 허용하는 정책을 수립하기도 하였다.

특이한 점은 과학기술자 수가 지속해서 감소했음에도 불구하고 연구 성과는 크게 변화하지 않았다는 점이다. 국제학술지에 게재된 논

---

16) https://www.euroscientist.com/esof2010-the-view-of-a-young-russian-journalist-part-one/

문 건수를 중심으로 살펴보면 10여 년간 약 32,000건 내외로 유지되고 있었는데, 이는 2000년에 들어와 우수한 과학기술자들에 대한 보상제도를 주요 원인으로 들 수 있다. 러시아 정부는 더 이상의 두뇌 유출을 막고, 우수한 과학기술자의 국내 복귀를 유도하기 위해 국제 학회지에 게재된 논문 수에 대해서는 과학기술자 평가 시 높은 점수를 부여하고 이에 상응한 보상 체계를 마련하였다[17]. 예를 들어 2003년에 만들어진 '분자세포학자상'의 경우 분자세포 분야에 논문을 많이 게재한 과학기술자에 대해 150,000 USD를 지급하였는데, 실제로 2003년부터 2009년까지 분자세포 분야에 2,000건 이상의 국제학술논문이 게재되는 가시적인 성과가 도출되기도 하였다[18]. 또한, 2012년에 푸틴 대통령은 2015년까지 세계 연구논문의 2.44%를 러시아가 점유할 것을 주요 내용으로 하는 대통령령(Decree 599, 2012)을 관련 부처에 지시한 바 있고, 2013년에 메드베데프 총리는 논문 수와 인용률을 연구기관의 평가 지표로 설정하도록 지시함으로써(Decree 979, 2013) 논문 게재 수 증가에 영향을 주었다[19].

---

17) https://www.science.org/doi/10.1126/science.1196665

18) 동 프로그램은 경제 위기를 겪으면서 수상액이 감소했다가 2010년 수상액이 50,000 USD로 삭감되었다.

19) http://www.ras.ru

[그림-9] 2000~2014년까지 러시아 과학기술자의 국제학술지 게재 논문 수

(단위: 건)

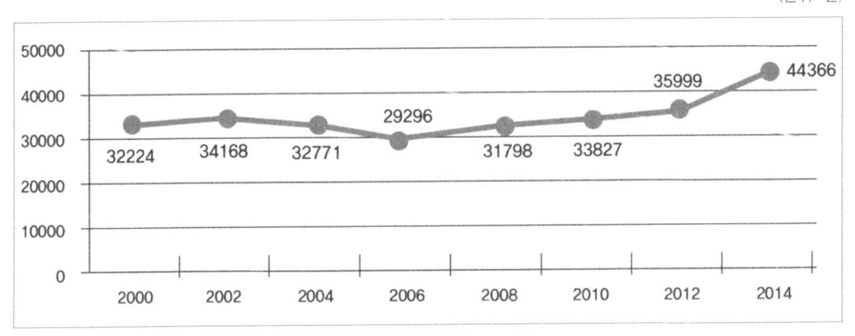

출처: World Bank Data (https://data.worldbank.org)

이러한 정부의 연구 성과 장려 정책은 2012년을 기점으로 국제학술지의 논문 수가 점진적으로 상승하는 효과를 가져왔다. 과학기술자 수가 감소함에도 불구하고 연구 성과가 증가한 배경은 당시 과학기술자들의 열악한 경제적 상황에서 대통령과 총리가 제안한 경제적 보상이 얼마나 효과가 있었는지를 보여준다.

한편, 아래의 그림과 같이 2008년부터 2014년까지 국제학술지에 게재된 논문을 살펴보면 표면적인 논문 수의 증가와 달리, 러시아 과학기술의 문제점을 유추해 볼 수 있다. 주요 논문 분야는 물리, 화학이 절대적으로 다수를 차지하고 있음을 보여준다. 즉, 전통적으로 강점을 가진 분야의 논문 수가, 생물학 및 공학 등 상대적으로 고가의 장비와 재료가 필요한 분야보다 높게 나타나고 있는 것이다. 이는 정부의 낮은 연구개발비 투자, 노후화된 연구 장비 및 과학기술자들의 고령화가 맞

물린 결과로 이해될 수 있을 것이다.

[그림-10] 2008~2014년까지 러시아의 분야별 논문 게재 현황

(단위: 건)

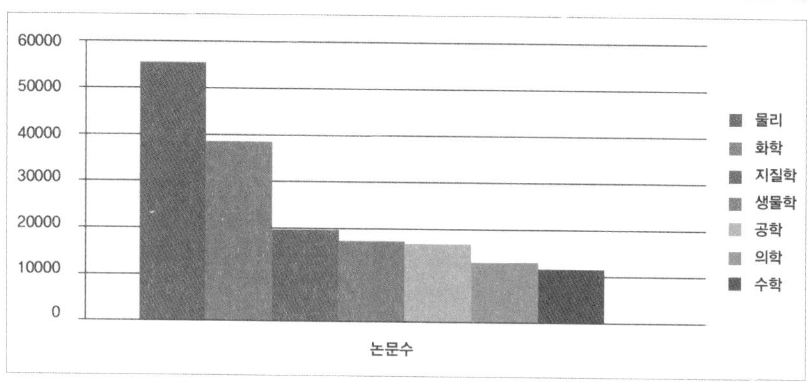

출처: UNESCO Country Report

1970년에 모스크바에서 태어난 Andrey는 할아버지가 수학자이고, 아버지가 물리학자이다. 고등학교를 마치고 Andrey가 대학교 학과를 선택하여야 할 때, 부모님은 Andrey가 과학자가 되는 것을 반대하였다. 특히, 아버지는 소련 붕괴 이후 사회가 혼란기에 빠지고 냉전 체제가 종식되는 상황에서 과학기술자는 더 이상 안정된 직장이 아니라는 설명을 해주었다.

물리학자인 아버지가 그렸던 과학기술자로의 모습은 1991년 소련 해체와 함께 모든 것이 달라졌음을 알기 때문에 Andrey 역시 고민에 빠지게 되었다. 그러나 Andrey는 어린 시절부터 수학과 물리학이 친숙하였다. 아버지가 주말에 Andrey를 데리고 실험실에 가 있는 동안 물리학과 수학을 자연스럽게 접할 수 있었기 때문이다.

결국, Andrey는 부모님을 설득하였는데, 아버지는 대신 물리학보다는 수학을 전공할 것을 제안하였다. 2002년 모스크바대학교에서 수학 전공으로 박사학위를 받고 정부에서 지정한 알고리즘 관련 연구소에서 근무한 후, Andrey는 물리와 수학에 강점이 있는 대학교의 교수로 임용될 수 있었다. 임용 후 선후배 모임에서 석박사 과정 시절 존경했던 선배나 교수 그리고 연구소의 유명 과학기술자 중 일부는 모습을 보이지 않았다. 대부분이 1990년대 말 해외로 이민 가거나 혹은 학위를 포기하고 전혀 새로운 업종으로 전환한 상태라는 사실만 들었다.

1990년대의 사회 혼란은 2000년에 푸틴이 대통령으로 당선되면서 표면적으로는 어느 정도 안정되어 가는 것 같았다. 푸틴의 강력한 정책이 옐친 시대의 사회 혼란을 막아줄 수 있다는 기대를 하게 하였다. 사회 안정과는 달리, Andrey의 경제 상황은 개선되지 않았다. 1990년대만큼은 아니지만 물가는 높았고, 대학교 교수의 연봉은 학교에서 마련해 준 모스크바의 작은 아파트에서 겨우 생활을 유지할 수준이었다.

대학교수에게는 교육이 최우선 순위였기 때문에 연구와는 거리가 있었다. 또한, 연구를 한다고 해도 국가로부터 연구개발비 지원이 많지 않다 보니, 해외 학회 참석이나 국제학술지에 논문 게재 비용을 지급하는 것도 어려운 상황이었다. 다행히 Andrey는 아버지의 추천대로 수학을 전공해서 실험실 문제는 없었다.

국가의 주요 기반 시설과 경제는 소위 올리히가르를 중심으로 독점적으로 운영되었고, 학생들은 올리히가르에 편입될 수 있기를 희망하였다. 수학보다는 경영학을 선호하였고, 물리보다는 법학이 중요시되었다. 많은 해외 과학기술자에게 러시아의 기초과학이 우수하다는 평을

들었던 것은 그동안 교육에 있어 수학과 물리 등 기초과학을 중시했던 토대와 역사에 비롯되었으나 이러한 전통과 역사를 전수해 줄 학생들이 없었다. 심지어 학부모들조차 자녀가 과학기술자 직업을 선택하는 것을 꺼렸다.

40대를 앞둔 Andrey에게 2008년은 더욱 힘든 한 해였다. 조지아와의 전쟁과 서방의 금융위기로 경제적인 상황이 더욱 안 좋아졌다. 대학교 재정은 악화되어 갔고, 학생들은 기초과학보다는 부유함을 더 높은 가치로 설정하였다. 결국, 많은 동료 교수들이 해외로 이민하는 것을 보면서 Andrey 또한 해외 이민을 고민하게 되었다.

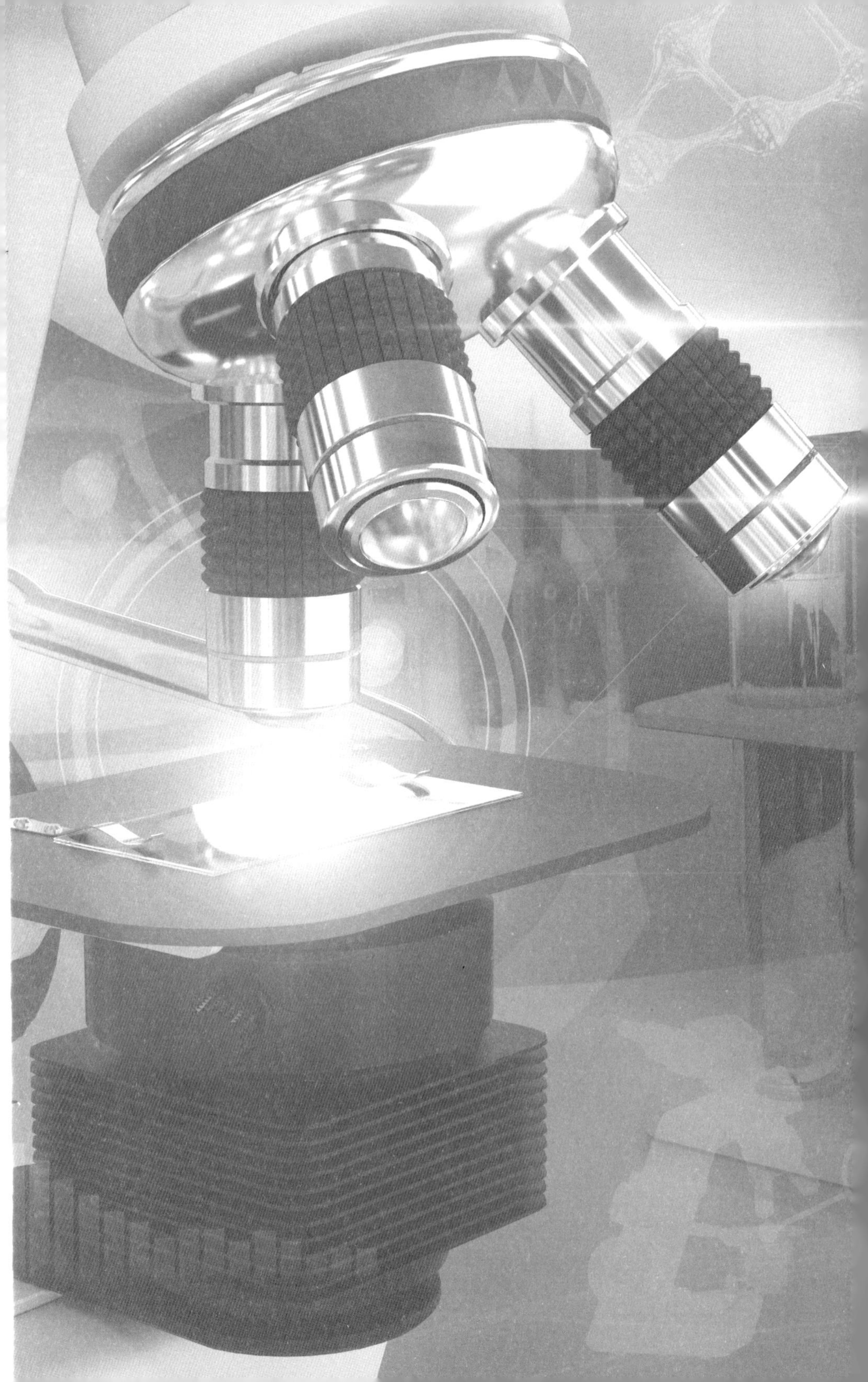

제5장

경제 제재기: 2014~2020

1. 러시아 노스탤지어
2. 경제
3. 과학기술 정책
4. 사회적 인식 및 처우
5. 과학기술자 수와 연구 성과

1991년 소련이 해체되고 1999년에 이르기까지 러시아는 경제, 정치, 사회 전 분야에 있어 혼란이 지속되었고, 관련 시스템은 붕괴되어 갔다. 과학기술 분야 역시 예외가 아니었는데, 특히 과학기술자들에 대한 낮은 경제적 처우와 연구개발비 감소에 따른 열악한 연구환경, 낮은 사회적 인식은 과학기술자라는 직업의 전망을 어렵게 하였다. 특히 과학기술자 수가 한 나라의 과학기술 역량을 가늠하는 최소한의 척도가 되는 만큼, 과학기술자 수의 감소가 국가의 역량에도 부정적인 영향을 주었음은 자명했다.

이러한 현상은 2000년에 푸틴이 집권한 이후에도 지속되었다. 유가 상승으로 경제적 상황이 개선되기는 하였으나 경제구조 개편의 실패는 효율적인 예산 배분으로 이어지지 않았고, 과학기술자들이 체감하는 과학기술 환경은 개선되어 가지 않았다. 두뇌 유출은 가속화되었고, 정부 차원의 노력도 가시적인 성과로 이어지지 않았다.

러시아 노스탤지어는 1990년대나 2000년대에 들어와서도 강하게 등장하였는데, 강한 국가와 경제 강국으로서의 위상 회복을 염원하는 러시아의 재건 목표에 과학기술은 우선순위로 고려되지 않았다. 오히려 러시아 노스탤지어는 점차 정치적 수사로 활용되고 있었다. 과학기술자라는 직업은 더 이상 특권층으로의 지렛대가 될 수 없었고, 국민들은 경제적으로 궁핍한 생활 속에서 과학기술에 관심을 가지지 않았을 뿐 아니라, 노동자의 평균 임금을 다소 상회하는 수준의 과학기술자의 소명은 국민을 위한 생활환경 개선과 보건의료 수준의 향상 정도로만 여기고 있었다.

이러한 상황에서 러시아는 2014년 크림반도를 병합하였고, 서방으로부터 경제적 제재를 받게 되었다. 제5절에서는 경제 제재기에 다양한 요인이 러시아 과학기술에 어떻게 영향을 주는지 살펴보고자 한다.

1. 경제 제재기: 러시아 노스탤지어

2014년의 크림반도 병합에 대해 러시아 국민의 85%가 지지한 것과 대조적으로 서방에서는 강력한 저항과 경제 제재가 이어졌다[20]. 서방의 경제 제재는 1998년과 2008년의 금융 위기와 달리 의도적이며 강제적이었고 영향력이 컸다.

국제사회의 질서 속에서 강한 국가의 위상 회복과 경제 성장을 염원하는 러시아 국민에게 서방의 경제 제재는 부당했고[21], 러시아 노스탤지어는 더욱 강하게 표출되었다.

[표-24] 경제 제재기의 러시아 노스탤지어 추이

(단위: %)

	2012	2015	2020
러시아 노스탤지어	49	69	75

출처: Reuters[22], The Moscow Times23 및 White(2018) 재구성

20) https://www.forbes.com/sites/jamesrodgerseurope/2019/12/19/russia-2010-2019-putins-decade/?sh=303a138c59d9

21) 새로운 러시아의 이데올로기는 러시아 대통령의 강한 힘, 관료주의와 행정부의 강한 힘, 다당제의 해체, 외교정책에서 신제국주의 시각(neoimperial stance)의 복귀를 정당화하였다.

22) https://www.reuters.com/article/us-russia-politics-sovietunion-idUSKBN1OI20Q

23) https://www.themoscowtimes.com/2020/03/24/75-of-russians-say-soviet-era-was-greatest-time-in-countrys-history-poll-a69735

상기 표를 살펴보면, 서방의 경제 제재가 부과된 2015년의 경우 3년 전에 비해 20%가 증가한 69%가 구소련을 동경한다고 응답하였고, 2020년에는 더욱 증가하여 75%까지 상승하였다. 2020년의 높은 상승치는 강한 국가이자 경제 강국으로서의 면모를 희망하는 러시아 국민에게 러시아 노스탤지어를 정치적 수사로 활용한 푸틴의 선거 공약에 원인을 찾을 수 있다. 2000년대에 들어와 러시아 노스탤지어는 정치적 이념으로 강하게 작용했는데 특히 선거철에 가장 많이 활용되었고, 2018년 대선에서 푸틴이 77%의 지지율로 재집권할 수 있었던 배경도 이러한 영향이 반영된 결과였다.

러시아 노스탤지어는 스탈린에 대한 여론조사를 통해서도 확인할 수 있는데, 1990년대 스탈린에 대한 지지가 1%에도 미치지 못한 반면, 2016년에는 스탈린에 대해 반대 30%, 지지 54%로 나타났고, 2018년에는 반대가 18%, 지지가 57%로 나타났다. 소련 붕괴 후 부정적으로 평가되었던 스탈린이 2014년 전후로 긍정적인 지도자로 인식의 전환이 일어난 것이다[24]. 물론 젊은 세대가 스탈린에 대한 기억이 없는 것도 원인이 있으나 전반적으로 서방에 대한 부당함에 대응하고 강한 국가로의 이미지를 회복하고 싶은 러시아 국민의 염원과 경제적으로 궁핍해져 가는 현실에 대한 불만이 반영된 것으로 해석할 수 있다.

---

24) Levada Center(www.levada.ru)

[그림-11] 서방 제재기의 미국 및 EU에 대한 선호도 조사 결과

(단위: %)

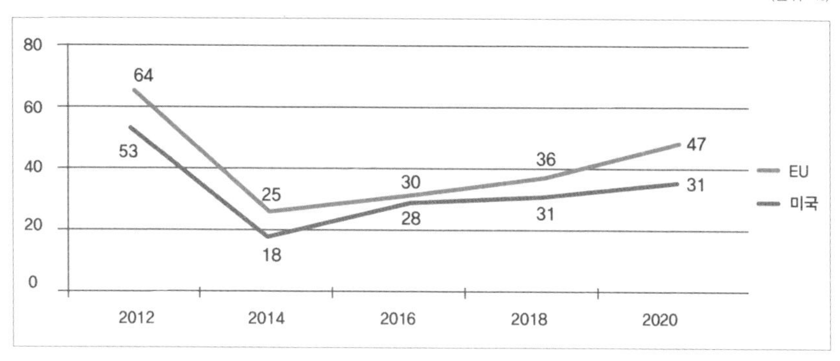

출처: https://www.levada.ru/

위의 그림은 경제 제재기에 미국과 유럽에 대한 러시아 국민의 선호도 결과를 보여준다. 서방 제재가 발생한 2014년을 기점으로 미국과 유럽에 대한 선호도가 급격히 하락하였음을 보여준다. 금융위기와 조지아 침공이 발발한 2008년의 경우 미국에 대해 33%, EU에 대해서는 53%의 선호가 있었다는 점을 고려하면 2014년 크림반도 병합에 대한 서방의 경제적 제재에 대해 러시아 국민의 여론이 상당히 부정적으로 형성되어 있었음을 보여준다. 러시아 국민에게 크림반도의 역사적이고 민족적 배경을 부정하는 서방의 경제적 제재는 부당했으며, 강대국으로 진입하려는 러시아에 장애로만 작용할 뿐이었다. 이와 같은 여론조사는 서방에 대한 반감과 함께 러시아 노스탤지어가 러시아 사회에 만연되어 있었음을 시사한다.

서방에 대한 반감은 러시아 정부에 대한 신뢰에도 직접적인 영향을 주었다. 아래의 그림은 경제 제재기에 러시아 정부에 대한 국민의 신뢰를 보여주는데, 2010년대에 들어와 정부 신뢰가 가장 높게 나타난 시점이 2014년 크림반도 병합 직후로 나타났다. 따라서 강한 국가로서 경제 성장을 염원하는 러시아 노스탤지어는 정치적 수사에만 한정되지 않았고 러시아 사회 전체에 폭넓게 작동하고 있음을 알 수 있다.

[그림-12] 2012~2020년까지 러시아 정부에 대한 신뢰도 추이

(단위: %)

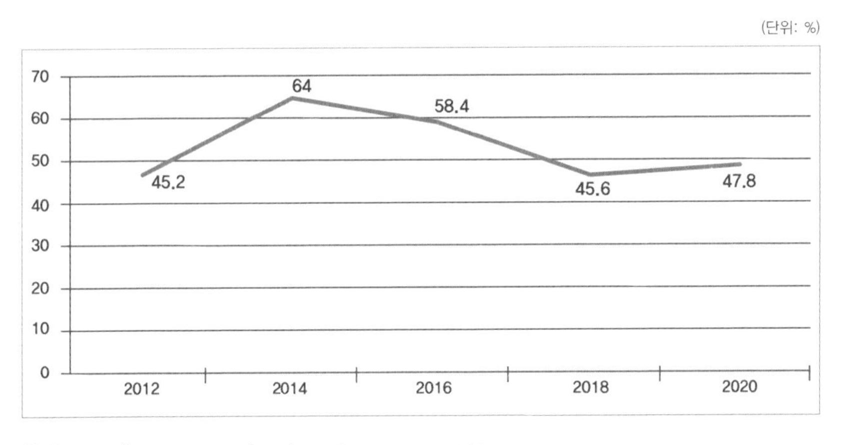

출처: https://data.oecd.org/gga/trust-in-government.htm

2. 경제 제재기: 경제

World Bank(2014)를 비롯하여 국제사회는 2014년 러시아의 크림반도 병합에 따른 서방의 제재가 러시아 경제 성장에 막대한 영향을 미칠 것이라고 예상하였다. 그만큼 서방 국가들의 경제 제재가 강력했음을 의미하는데, 아래의 경제 성장 지표에서도 확인할 수 있다. 2014년 경제 제재의 효과는 2015년에 GDP의 마이너스 성장률로 나타났고, 2016년까지 1%에도 미치지 못하는 성장률을 보이는 등 러시아 경제에 지대한 영향을 주었다.

[그림-13] 2014~2019년까지 러시아의 GDP 성장률 추이

(단위: %)

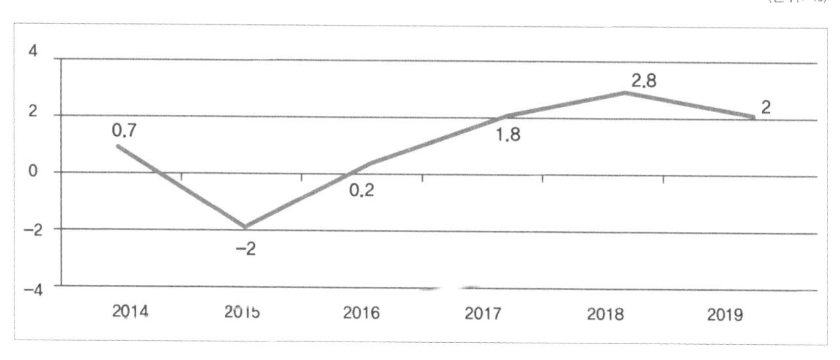

출처: World Economic Outlook (www.imf.org)

한편 자원 의존형 러시아 경제구조에서 푸틴 집권기의 유가 상승은 외부 충격을 상쇄할 정도의 효과를 가져온 반면, 2014년 서방 제재와

함께 나타난 유가 하락은 서방의 경제적 제재 효과를 배가시켰다.

2012년 배럴당 109.45달러까지 치솟던 유가는 2014년 95.37달러로 하락한 후, 2015년 53.77달러를 거쳐 2016년에는 28.71달러로 거래되면서 2005년보다 낮은 최저치를 보였다.

[표-25] 2014~2020년까지 배럴당 원유 가격

(단위: USD)

	2014	2015	2016	2017	2018	2019	2020
원유가격	95.37	53.77	28.71	52.26	60.78	55.27	51.76

출처: https://tradingeconomics.com/commodity/crude-oil

유가 하락이라는 외부 악재에 따른 재정의 어려움에도 불구하고, 올리히가르 중심의 독점적 경제구조는 여전히 개선되지 않았다. 또한, 전쟁 대비를 위한 군수 생산 및 전략 기술 분야에 대한 정부 개입과 국유화는 심화되어 생산성은 더욱 악화되어 갔고 경제 침체로 이어졌다(Di Bella et al., 2019). 더욱이 1998년 및 2008년 금융위기 당시와 마찬가지로, 2014년 서방의 경제 제재는 자금 유출을 촉진하였고 인플레이션을 자극하였다.

2017년부터 점진적으로 회복되어 가던 러시아는 2019년 재정 적자를 극복하기 위해 부가가치세를 18%에서 20%로 상승시키는 조치를 시행했는데, 인플레이션 등으로 인한 기업 부실이 전년 대비 4% 증가

하는 등 경제정책이 제대로 작동하지 않았다.

러시아 중앙은행은 투자 확대와 내수 경제 활성화를 위해 2019년 기준금리를 수차례 하향 조치하기도 하였는데, 유가 하락과 루블화의 약세 등으로 기준금리를 다시 올리는 등 2018년 이후 러시아는 일관성 없는 경제정책으로 말미암아 시장의 혼란만 가중하였다.

푸틴 집권기에는 성공적인 경제정책으로 인해 외부 충격에도 어느 정도 효과를 보인 반면, 2014년 서방 제재 이후 경제정책은 이전보다 효과적이지 않았고, 심지어 푸틴 집권기 수준의 경제로 회복하기 어려운 상황이 한동안 지속되었다.

한편 아래 표는 경제 제재기의 외환 보유고 추이를 보여주는데, 2014년 4,989억 달러에 달했던 러시아의 외환 보유고는 2015년에는 3,763억 달러로 약 24% 감소함으로써 세계 7위로 밀려났다가 점차 회복되어 2020년에는 5,623억 달러로 세계 5위로 상승했음을 보여주고 있다.

[표-26] 2014~2020년까지 러시아의 외환 보유고 추이

(단위: Bil. USD)

구분	2014	2015	2016	2017	2018	2019	2020
외환 보유고	498.9	376.3	371.3	392.5	452.8	469.8	562.3

출처: Central Bank of Russia (https://www.cbr.ru/)

경제 제재기에 들어와서도 러시아의 자원 의존적 경제구조는 심화되어 갔고, 시장경제 체제는 온전히 도입되지 않고 있었다[25]. 러시아는 에너지 및 자원 분야를 비롯하여 금융 분야의 국가 소유가 지속되었고, 해외 자본의 러시아 투자에 대한 장벽이 심해 외부의 유동성이 러시아 국내 시장으로 진입하지 못하게 하였다.

올리히가르 중심의 경제구조는 푸틴 집권기와 유사하게 운영되고 있었으며, 부의 불평등은 개선되지 않았다. 정부 고위 관료나 기업의 간부들은 임명권자와 정권에 충실해야 했고, 변화나 개선보다는 체제 안정을 우선시하여 이전 시기와 달라진 것은 없었다.

경제구조 개편의 어려움으로 인해 국가 성장을 위한 기반 시설에 원활한 투자가 이뤄지지 못하기도 하였는데(Nitsevich et al., 2019), 2008년부터 2017년까지 신산업 육성, 주택 건설, 도로 등 기반 시설 항목으로 편성된 정부 예산의 약 6,800억 달러가 제대로 집행되지 못하는 결과를 보여주었다.

[표-27] 2014~2020년까지 러시아 상위 1%의 소득 비율

(단위: %)

구분	2014	2015	2016	2017	2018	2019	2020
상위 1% 소득 비율	45.4	45.3	45.8	45.5	46.4	46.6	46.6

출처: World Inequality Database (https://wid.world/country/russian-federation/)

25) https://www.oecd.org/newsroom/russian-economy-growing-but-further-reforms-needed.htm

부의 불평등은 경제 제재기에 들어와서 더욱 심화되었다. 2014년 기준으로 부유층 상위 1%가 국가 전체 소득의 절반 수준을 차지하고 있는 상황이 지속되었다. 이러한 상황에서 2014년의 크림반도 병합과 서방의 경제 제재는 물가 상승과 생필품의 고갈로 이어졌으며, 러시아가 미국과 유럽산 음식에 대한 수입 금지 조치를 실시하면서 식료품 가격은 급등하였다. 실제로, 2014년 7.8%인 인플레이션은 서방 제재 직후인 2015년에 15.5%까지 상승하였는데, 식료품이나 생필품의 경우는 더 높은 가격 상승을 보여주었다.

[표-28] 2014~2020년까지 러시아의 인플레이션 추이

(단위: %)

	2014	2015	2016	2017	2018	2019	2020
인플레이션	7.8	15.5	7	3.7	2.9	4.5	3.4

출처: World Bank(https://data.worldbank.org/indicator/)

경제 제재기의 인플레이션은 실질소득의 하락을 의미하였고, 내수 경제를 활성화 시키지 못했다. 특히 2015년은 경제 제재의 여파가 가장 크게 나타났는데, 인플레이션으로 인해 실질 임금은 1.9% 하락할 정도였다[26].

1998년과 2008년의 경제위기를 겪어본 러시아는 국내 경제 안정화

26) https://www.themoscowtimes.com/2014/12/17/5-things-that-will-hit-russians-quality-of-life-in-2015-video-a42405

를 위한 조치를 시행하였고, 1998년의 13.3, 2008년의 8.3으로 나타난 실업률은 2014년 서방의 경제 제재에도 불구하고 5% 내외의 안정된 수치를 유지하는 결과로 나타났다. 아래의 표는 2014년부터 2020년까지의 실업률 추이를 보여준다. 2014년 서방 제재에도 불구하고 안정된 실업률을 유지한 것은 노동자의 고용 해지보다는 임금 삭감으로 대응한 결과에 기인하는 것으로 실제로 2015년 평균 임금의 하락은 약 9%로 나타났다(EU, 2022). 다만, 2020년에 실업률이 다소 상승한 것은 코로나로 인한 글로벌 경제에 영향을 받은 것으로 볼 수 있다.

[표-29] 2014~2020년까지 실업률 추이

(단위: %)

	2014	2015	2016	2017	2018	2019	2020
실업률	5.2	5.6	5.6	5.2	4.8	4.5	5.6

출처: World Bank(https://data.worldbank.org/indicator/)

2014년의 경제 제재는 러시아 국민의 생활에 막대한 영향을 주었다. 구체적으로 2013년 10.8%였던 빈곤율을 2016년 13.8%로 상승시켰으며, 2014년부터 2016년까지 인구의 약 42%가 빈곤으로 고통받고 있다는 주장도 있다(V F Nitsevich et al., 2019). 실질적인 빈곤 체감률 조사에서는 2017년에 20~23%까지 나타나기도 하였고[27], 중산층은

27) https://www.gazeta.ru/business/2017/12/18/11499836.shtml?updated

2008년 17%에서 2015년 10%로 감소한 것으로 나타났다[28].

3. 경제 제재기: 과학기술 정책

2004년에 설치된 교육과학부는 경제 제재기에도 유지되어 과학기술 정책의 일관성을 도모하였다. 2016년에 과학기술혁신 활동에 관한 연방법과 과학기술 개발 전략(2016~2035)을 마련하였고, 동년 11월에는 과학기술자상과 신진 과학기술자상을 신설하는 등 과학기술 진흥을 위한 노력이 활발히 이뤄졌다.

과학기술 진흥 정책은 효율적인 과학기술 체제 개편으로 이어졌는데, 푸틴 집권기에 연방과학기구청(FASO) 산하에 러시아의 분야별 연구소를 통합하는 것이 명목상의 개편에 그쳤다면, 2017년에는 과학기술의 역량을 강화하고 투자 효율성을 높이고자 연구기관에 대한 평가를 실시하였다(Kosyakova and Guskov, 2019). 연구개발 성과의 경제 및 사회적 평가를 통해 연구개발 예산의 효율적 집행을 위한 체계를 구축하기 위한 법안을 상정하는 등[29], 러시아는 연구개발 역량 강화와 경쟁력 확보 노력을 경주하였다.

2018년에는 기존의 교육과학부를 과학고등교육부(Science and

28) http://reconomica. ru/%D1%8D%D0%BA%D0%BE%D0%BD%D0%BE%-2017/

29) https://poisknews.ru/science-politic/gotovyatsya-izmeneniya-v-zakon-o-nauke/

Higher Education of the Russian Federation)와 교육부(Ministry of Education)로 분리함으로써 과학고등교육부를 명실상부한 과학기술 전담 부처로 특성화하였다. 과학고등교육부는 연구기관과 고등교육기관의 정책 및 프로그램 개발에 전념할 수 있었으며, 2018년 신진 과학기술자 지원 강화, 900개의 연구실 설치 등을 내용으로 하는 국가연구전략(2018-2024)을 마련하여 대통령의 승인을 받기도 하였다. 이러한 정부 차원의 과학기술 진흥 노력에 의해 2018년 이후 연구개발비 예산은 지속적으로 상승할 수 있었다.

[그림-14] 2014~2020년까지 GDP 대비 연구개발 투자 비율 추이

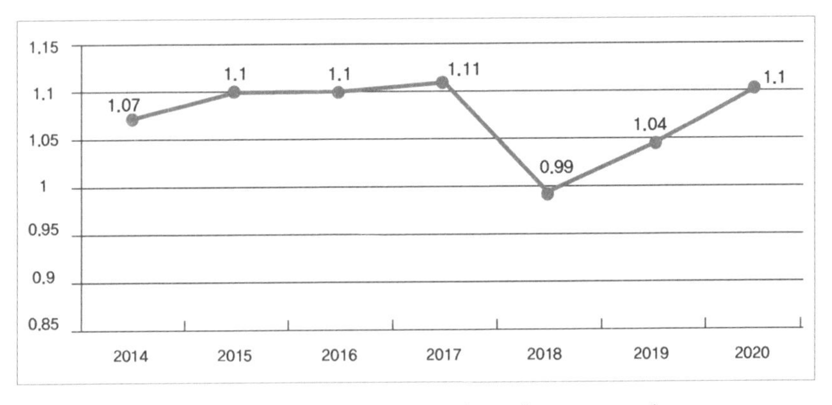

출처: OECD Main Science and Technology Indicators(https://data.oecd.org/)

연구인력의 이탈을 막기 위해 연구개발 예산 외에도 신진 과학기술자 육성과 복지를 제공하였다. 2022년 8월에는 신진 과학기술자의 범

위와 개념을 정립하여 약 154,000여 명의 과학기술자에게 다양한 혜택을 제공하고자 하였으며, 40세에서 45세의 과학기술자에게는 주택 등을 제공하는 방안을 포함하는 법안을 마련[30]한 바 있다.

연방 총리가 서명한 '과학기술 10개년 계획(2022~2031)'에서는 신진 과학기술자 육성, 전문가 참여 확대, 대국민 연구개발 성과 홍보[31]를 비롯하여 러시아의 주요 학술지를 영문으로 게재하여 연구 역량의 국제 홍보를 확대하고자 하였다[32].

4. 경제 제재기: 사회적 인식 및 처우

과학기술에 대한 대중의 인식[33]은 푸틴 집권기와 유사한 형태로 나타났다. 러시아 국민에게 과학기술은 국가 성장의 동력이자 원천이라는 인식보다는 국민의 일상에서 보건 서비스나 생활환경 개선에 기여해야 한다는 인식이 높았다. 아래의 표는 푸틴 집권기인 2011년과 서방의 경제 제재기인 2014년의 러시아 국민의 과학기술에 대한 여론조

30) https://tass.ru/obschestvo/15488377

31) https://poisknews.ru/desyatiletie-nauki-i-tehnologij/pravitelstvo-utverdilo-plan-meropriyatij-desyatiletij-nauki-i-tehnologij/

32) https://minobrnauki.gov.ru/press-center/news/novosti-ministerstva/55782/

33) https://www.oecd.org/newsroom/russian-economy-growing-but-further-reforms-needed.htm

사 결과를 보여준다.

[표-30] 경제 제재기의 과학에 대한 사회 여론조사 결과

(단위: %)

구분	과학발견	의학	환경	원자력	우주	IT
2011	72	87	86	56	60	69
2014	61	77	78	44	49	58

출처: EC(2014)

2014년의 여론조사는 2011년에 비해 과학기술의 기여도가 전반적으로 하락하였음을 보여주고 있는데, 2011년에 의학 분야에서 과학기술의 기여를 87%로 인식하던 수치가 2014년에는 77%로 하락하였고, 환경 분야에서도 2011년의 86%에서 2014년도 78%로 하락하였다. 전반적으로 과학기술의 기여를 낮게 제시하는 것은 사회 전반에 과학기술에 대한 관심도가 하락함과 동시에 과학기술에 대한 기대가 낮아져 감을 의미한다. 예컨대 수질 개선이나 환경 오염에 있어 과학기술에 대한 기대에도 불구하고 생활 주변에서 개선되지 않는 모습은 과학기술에 대한 실망감을 방증한다고 할 수 있다.

한편, 경제 제재기에 러시아의 과학기술자들에 대한 경제적 처우는 푸틴 집권기에 비해 많이 개선되었다. 선호 직군으로 분류되는 석유나 천연가스업과 같은 자원 관련 종사자나 금융 분야 종사자에 비해 높

은 수준은 아니었지만, 이전과 달리 매년 임금 상승이 이뤄졌으며 직업군 중 중간 이상의 임금 수준에 해당하였다.

[표-31] 러시아 평균 임금 추이도

(단위: 루블)

	2017	2018	2019	2020
과학기술자 및 전문직	57,179	66,264	75,193	80,077
석유제품 생산 업종	95,957	87,591	81,685	82,106
광산 관련 업종	74,474	83,178	89,344	95,359
금융업	84,904	91,070	103,668	112,680
석유 및 천연가스업	104,078	127,771	135,364	142,175

출처: https://rosstat.gov.ru/

그러나 교육기관 소속인 대학교수의 경우는 상황이 개선되지 않았다. 푸틴 집권기에 교육기관 소속 과학기술자들이 연구기관 소속 과학기술자들에 비해 상대적으로 낮은 경제적 처우를 받은 관행은 경제 제재기에도 지속되었고, 2018년 기준 대학교수의 평균 급여는 약 38,700루블이었다.

과학기술자들의 처우 개선에도 불구하고 여전히 과학기술자에 대한 사회의 인식은 높지 않았다. 아래의 그림과 같이 2019년에 실시한 설문조사에 의하면 의사, 변호사, IT 전문가, 기업가가 상위에 자리 잡고 있는 반면, 과학기술자와 대학교수는 50%를 상회하는 정도로 나타났다.

[그림-15] 2019년 러시아 부모의 자녀 직업 선택에 대한 만족도

(단위: %)

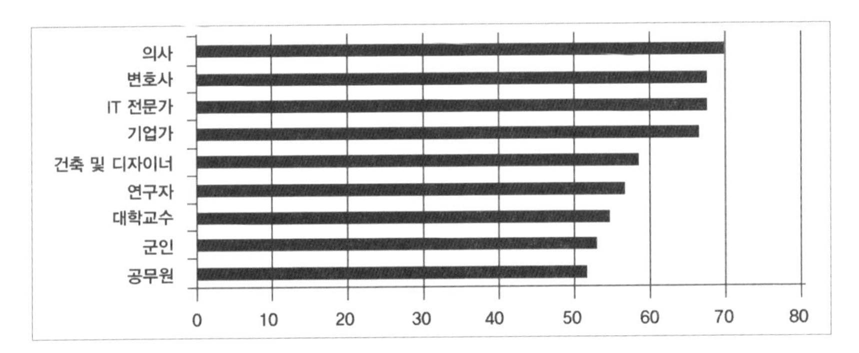

출처: HSE(2019), Science and Technology Indicator in Russian Federation

2019년에 러시아 고등경제대학교에서 대학생을 대상으로 시행한 설문조사 결과는 대학생들이 학부모보다 과학기술자라는 직업에 대한 부정적 인식이 더욱 강하게 나타났다. 설문 대상자 중 약 61%가 기업 취업을 희망한 반면, 약 10%만이 과학기술자로서의 직업을 선호하였다. 그 배경으로는 약 54%가 과학기술계가 매우 보수적이고 지루한 측면이 많다고 설명하였다.

한편 2018년도 러시아 대학생을 대상으로 한 설문조사에서는 56%가 고등교육이 필요 없다고 응답하였는데, 2008년의 45%보다 11%가 상승한 결과이다(VCIOM, 2018; HSE, 2019). 이는 러시아의 젊은 세대에게 가장 중요한 것이 진리나 학문적 가치보다는 부유함에 있음을 보여주는데, 러시아의 열악해진 경제 상황을 방증한다. 또한, 전통적으로 수학 기반의 기초과학 커리큘럼보다는 실질적으로 윤택한 생활에

도움이 되는 실용적인 측면이 더 주목받고 있음을 나타낸다. 나아가 고등교육 수준이 경제와 반드시 결부되지 않음을 인지한 결과라 할 수 있고, 상대적으로 높은 교육 수준을 가진 과학기술자들의 열악한 처우에 대한 경험에서 비롯된 것으로 이해할 수 있다.

실제로 러시아의 기초과학 수준을 살펴보면 기초과학 역량이 낮아지고 있는 것으로 나타났다, 2018년 PISA(the Programme for International Student Assessment)에서 러시아의 15세 학생들은 478점으로, OECD 평균인 489보다도 낮은 수준으로 나타났다(OECD, 2019). 특히 과학 영역의 경우 OECD 평균 7%의 학생들이 5~6 수준으로 나타났으나 러시아의 경우 3%만이 해당 수준으로 나타났다. 러시아 학생들은 과학뿐 아니라, 수학, 독서 부분 등에서도 전반적인 낮은 수준을 보여주었는데, 2000년이래 20여 년 동안 OECD 평균을 상회한 경우는 2015년 수학 영역에서 한 차례뿐이었다.

5. 경제 제재기: 과학기술자 수와 연구 성과

아래의 그림은 2010년부터 2019년까지 인구 10,000명당 연구원 수와 연구기관별 연구원 수의 추이를 보여준다. 푸틴 집권기 이래 감소한 연구원 수는 경제 제재기에 들어와서도 꾸준히 감소하였는데, 2010년 인구 만 명당 109명에 해당하는 과학기술자 수는 2019년 96명으로 감소하였다. 또한, 연구개발 활동을 수행하는 연구기관 1개당 소속 연구원 수의 감소로 연결되었는데, 2010년에 연구기관 1개당 소속 연구원 수가 211명이었다면 2019년에 들어와서는 168명으로 감소하였음을 보여주고 있다.

[그림-16] 2010~2019년까지 러시아의 경제활동인구 및 연구기관 1개당 과학기술자 수 추이

(단위: 명)

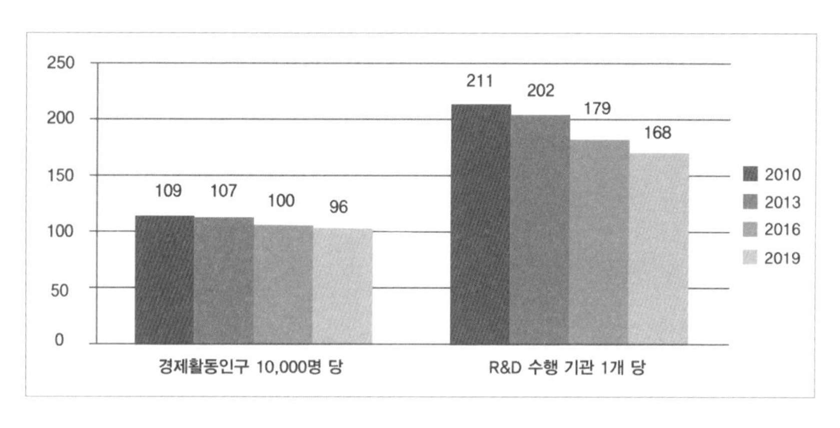

출처: HSE(2019), Science and Technology Indicator in Russian Federation

과학기술자 수의 감소는 푸틴 집권기 이래 지속된 현상으로, 경제 제재기에 들어와서도 개선되지 않았고 오히려 지속해서 심화되고 있음을 확인할 수 있다. 주요 기술 선진국들과 비교할 때, 대부분의 국가에서 과학기술자 수가 꾸준히 증가하는 반면, 러시아는 매우 상반된 결과를 보여준다.

[그림-17] 2010~2019년까지 주요 국가별 과학기술자 수 추이

(단위: FTE)

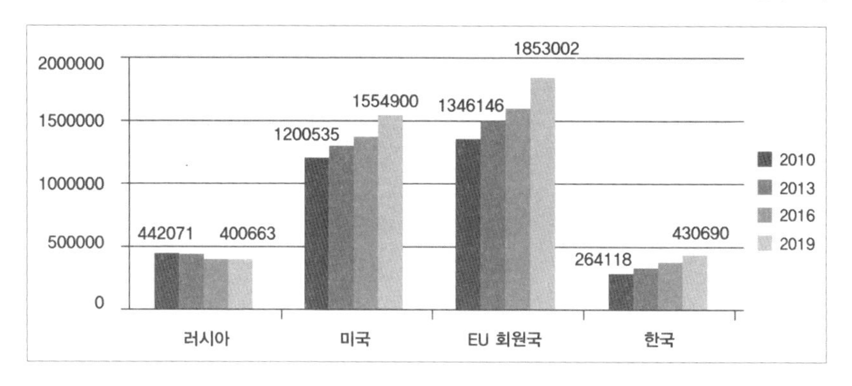

출처: Eurostat; Organisation for Economic Cooperation and Development

한편, 경제 제재기에 들어와서 러시아 정부이 다양한 노력에도 불구하고 두뇌 유출은 지속되었다. 2020년까지 러시아 과학자들의 주요 이민 대상국은 점차 확대되고 다변화되었으며, 미국, 독일, 프랑스, 우크라이나, 영국에 가장 많이 이민을 갔고(Subbortin, 2021), 그 외에 캐나다, 핀란드, 스웨덴, 네덜란드 중국, 카자흐스탄 등으로 이민 갔다.

2020년 기준 해외에서 활동 중인 러시아 과학기술자는 약 30,000명인데, 주로 고경력 과학기술자들로 나타났다. 고경력 과학기술자들의 이주는 후학 양성의 어려움을 의미하였고, 전문성을 갖춘 연구인력의 유출로 인해 러시아의 과학기술 역량 쇠퇴가 우려되고 있다. 이들은 러시아의 연구환경이 매우 관료적이고, 연구비 사용이 경직되어 있으며 연구기관의 폐쇄성이 해외 이주를 선택한 배경으로 설명한 바 있다.

한편, 러시아의 논문 게재 수는 과학기술자들의 감소에도 불구하고 2012년을 기점으로 꾸준히 증가하였다. 푸틴 집권기 이래 과학기술자들에 대한 처우 개선도 영향을 주었으나 과학기술자들에 대한 평가 방식을 논문과 연계한 것이 영향을 주었다.

2012년에 대선에서 승리한 푸틴은 국제학술지에 논문을 게재한 과학기술자에게 성과급을 지급하도록 지시하였고[34], 2018년에는 러시아 과학고등교육부에서 대학교별로 논문을 많이 게재한 과학기술자에게 승진과 계약 연장을 지시하기도 하였다. 이러한 정부 지침에 따라 2016년을 기점으로 러시아의 논문 게재 수는 한국과 이탈리아보다 높게 나타나는 현상을 보이기도 하였다.

---

34) https://www.nature.com/articles/d41586-020-00753-7

[그림-18] 2010~2020년까지 주요 국가별 국제학술지 논문 게재 추이

(단위: 건)

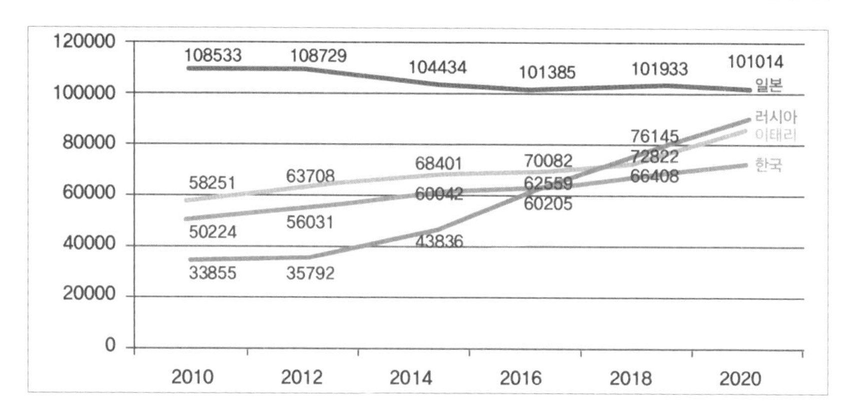

출처: Science-Metrix; Elsevier, Scopus abstract and citation database

논문 게재에 기반한 보상과 평가 체제는 결국 부정행위를 수반했는데, 2019년에 러시아 과학학술원 소속 과학기술자들이 게재한 국내외 논문 중 869건이 표절로 판명되어 철회된 바 있고, 2013년부터 2019년까지 368건의 학위가 취소되는 등 러시아 내 학술계에 큰 반향을 일으켰다[35]. 이는 경제 제재기에 들어와서도 러시아 과학기술자들의 낮은 경제적 처우를 시사하는 것이며, 계약 연장을 위한 방편으로 논문을 게재하는 현실은 과학기술자들의 불안한 신분 보장 제도를 보여준다.

35) https://www.washingtonpost.com/world/europe/putin-wanted-russian-science-to-top-the-world-then-a-major-academic-scandal-blew-up/2020/01/16/f58239ec-34b9-11ea-898f-eb846b7e9feb_story.html

1990년에 태어난 Bladimir는 할아버지가 물리학자이고, 아버지가 수학자이다. 아버지가 2013년에 미국으로 이민을 와서 현재 캘리포니아에 거주하고 있다.

모스크바에 있을 때와 마찬가지로 캘리포니아 소재 대학교에서 수학과 교수로 활동하는 아버지는 이전보다 훨씬 즐거운 모습이다. 이유를 추측해 보면 첫째는 높은 연봉이다. 모스크바에서 3개월 치가 이곳에서는 1달 급여보다 낮았다. 둘째는 보다 나은 연구환경이 주어진다는 점이다. 교육과 연구를 병행할 수 있고, 학교를 비롯하여 다양한 곳에서 과학기술자금이 지원된다. 셋째는 학생의 자질과 태도이다. 수학의 중요성을 인식하고 취업의 수단으로 학문에 접근하지 않는 점이 새로웠을 것이다.

모스크바 소재 대학교에서 IT 경영학을 전공한 Bladimir 또한 아버지의 미국 이민 결정이 반가운 소식이었다. 러시아의 친구들은 수학, 물리, 화학과 같은 기초과학보다는 Facebook이나 Instagram과 같은 창업 관련 정보 수집에 더 많은 시간을 할애하였다. 특히 Bladimir는 벨라루스에서 개발한 모바일 메신저인 Viber가 최근에 전 세계 2억 명이 사용한다는 사실을 접하고, IT 기반 기업 활동에 관심이 높아졌다. 미국에서 대학교의 전공을 잘 살리고 인턴 활동을 활발히 한다면 제2의 Viber 창업자가 될 수 있을 거라는 기대를 하게 되었다.

러시아에 있는 친구들은 Bladimir의 계획에 부러움을 표한다. 과학기술자를 목표로 하는 일부 친구들은 러시아에서 대학교 졸업 후 유럽으로 유학하여 박사학위를 취득하였다고 전해 들었다. 가장 가까운 친구인 Dmitry는 독일에서 신약 관련 박사학위를 받고 라이프치히 연구소로부터 박사 후 과정을 제안받았다고 기뻐했다. 또한, Dmitry를 통해 러시아의 과학기술계에 새로운 변화를 간접적으로 체험할 수 있었는데, Dmitry의 친구인 Pavel 또한 러시아에서 기술혁신학을 전공하고 독일에서 석박사 학위를 이수하였고, 우수한 논문 성과로 프랑스에서 교수 채용이 예정되어 있었다. 다만, Pavel의 부모님이 몸이 좋지 않아 고민하던 차에 러시아 정부에서 신진 과학기술자들을 대상으로 연구비 확대와 포상 제도를 시행한다는 얘기를 전해 들었다. 국제학회지에 많은 논문을 게재한 경험이 있는 Pavel은 프랑스에서 교수보다는 러시아 과학학술원 산하 연구원을 선택하기로 결심했다. 얼마 전에는 러시아 과학학술원 소속 연구원에 대한 임금표도 이전보다는 상당히 높게 책정되어 있음을 확인했다. 특히, 최근 러시아는 기술혁신에 대한 정부 차원의 관심이 높아지고 있는데, Skolkovo 혁신 클러스터 건설 등은 향후 러시아의 경제구조가 석유나 천연자원에 의존하는 자원의존형이 아니라, 첨단기술 중심으로 재편될 것이라고 기대하고 있다.

Bladimir는 Pavel의 얘기를 전해 듣고, 어쩌면 모스크바가 본인의 전공을 현실화시킬 수 있는 곳일 수 있다는 기대를 하게 되었다. 미국에서의 인턴 경험을 살려서 모스크바에서 창업을 한다면 미국과 러시아를 가장 잘 이해하는 사람 중 하나로 네트워크도 넓힐 수 있고, 펀드도 조성하는 데에 도움이 될 것이며 판로 개척에도 독창적일 수 있다는 생각을 하게 되었다.

Bladimir는 최근의 러시아 과학기술계의 변화 속도가 아쉬웠다. 과거 구소련 시절 정도라도 경제적 처우나 사회적 지위가 과학기술자에게 부여되었다면 아버지는 러시아의 미래 세대를 교육하고 있을 것이고, Bladimir는 미국 사회의 영원한 아웃사이더는 되지 않았을 것이다.

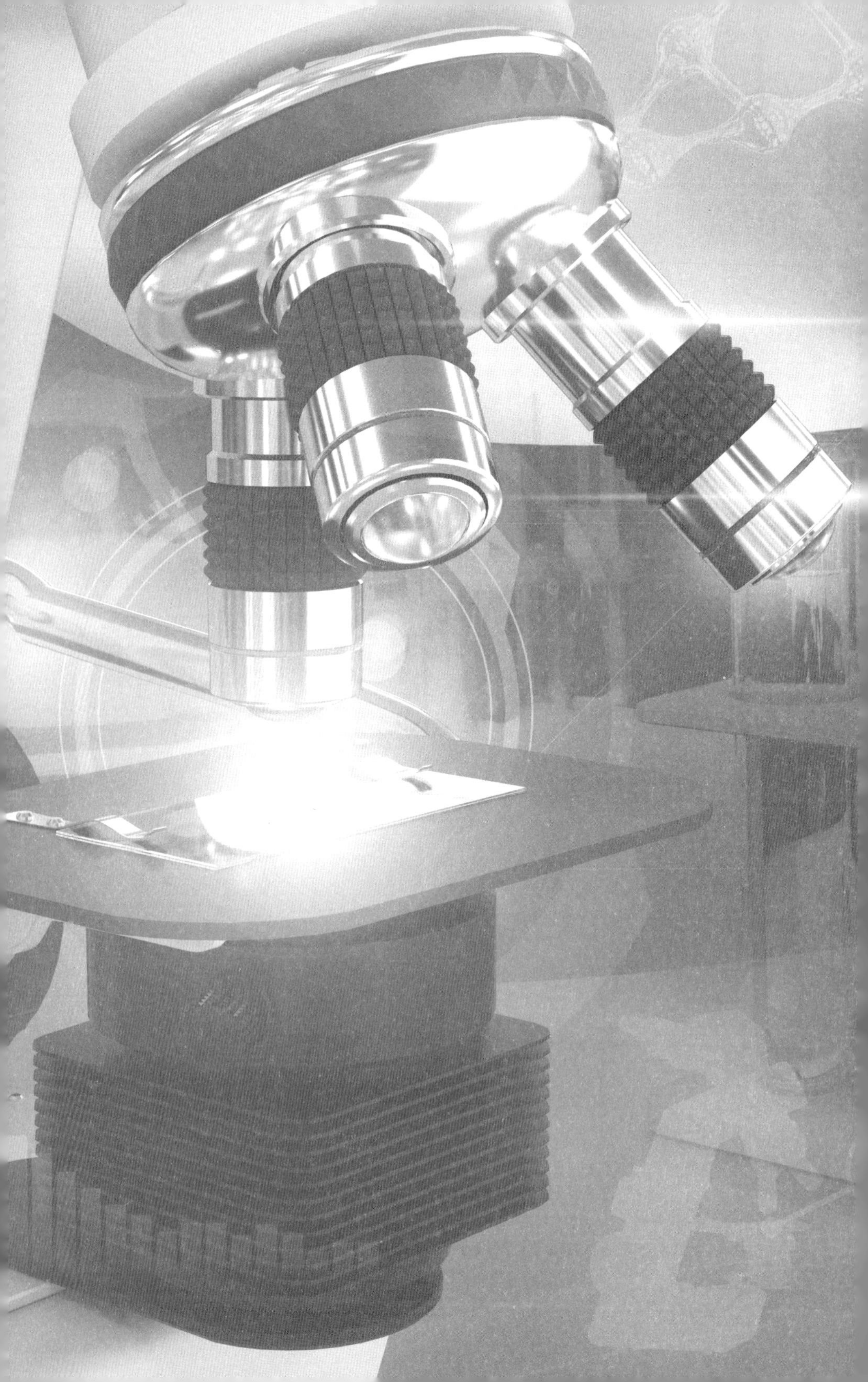

제6장

시기별 종합 분석과 예측

1. 러시아 과학기술의 시기별 종합 분석

2. 향후 예측: 우크라이나와의 전쟁 이후

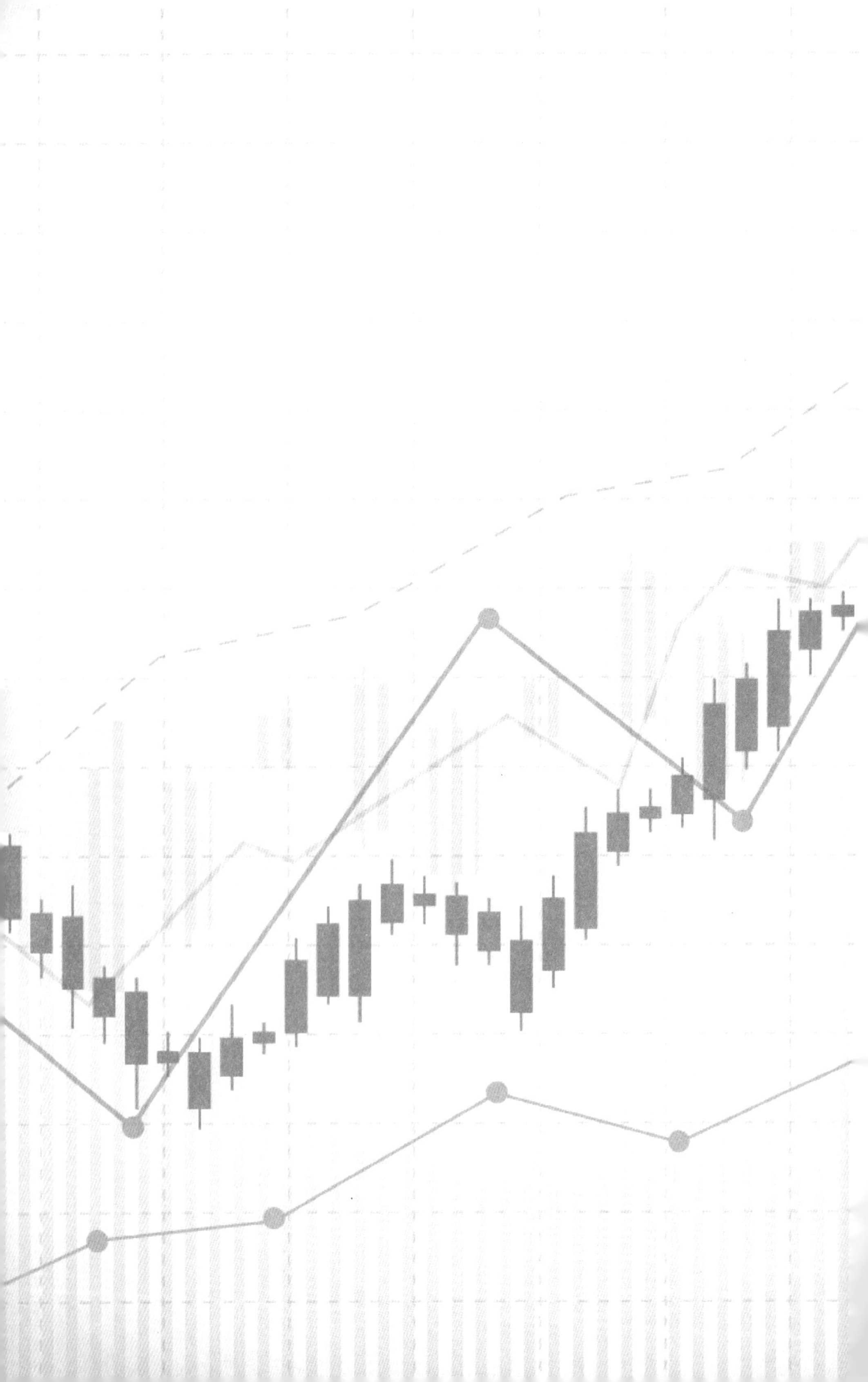

지금껏 소련 붕괴 시점부터 경제 제재기인 2020년에 이르기까지 러시아의 과학기술을 살펴보았다. 아래에서는 러시아의 경제, 정치, 인식, 사회적 처우, 과학기술자 수 등 본문에서 제시된 각각의 요인들이 시기별로 어떠한 상호작용을 하였는지를 종합적으로 검토해 봄으로써 러시아 과학기술이 형성되는 과정을 요약해서 정리해 본다. 또한, 2022년에 발생한 러시아와 우크라이나 전쟁 이후를 두 가지 시나리오로 살펴봄으로써 향후 러시아 과학기술을 예측해 본다.

1. 러시아 과학기술의 시기별 종합 분석

■ 1.1 새로운 전환기: 과학기술의 퇴보

구소련의 과학기술 수준은 많은 노벨상 수상자 배출과 국제 우주 프로그램 주도 성과에서 확인할 수 있다. 이러한 전통으로 인해 지금까지도 수학, 물리학 분야에서 가시적인 성과가 도출되고 있고, 기초과학 분야의 우수한 대학교가 유지되고 있다.

그러나 1991년 소련이 붕괴되면서 과학기술은 완전히 새로운 국면을 맞이하게 되었다.

계획경제 체제에서 시장경제 체제로의 전환 과정은, 초인플레이션과 이에 따른 실질임금 하락으로 나타났고, 러시아 국민의 삶은 이전과 달리 경제적으로 궁핍해져 갔다. 1990년대의 유가 하락과 1998년의 모라토리엄은 국가 재정 상태를 악화시켰고, 정부의 연구개발비 투자는 급감하였다.

물론 러시아 정부가 과학기술을 등한시한 것은 아니었다. 나름대로 과학기술을 진흥시키고자 과학기술 관련 위원회의 기능을 이양하기 위해 과학고등교육기술정책부라는 전담 부처를 설치하기도 하였다. 그러나 소련 붕괴 이후 1990년대의 불안한 국내 정치와 낮은 정부 지지율은 전담 부처의 제 기능을 수행하는 데에 장애가 되었고, 이듬해에 폐지된 바 있다. 이후 1997년 과학기술부를 설치하여 과학기술 진흥과 과학기술 강국으로서의 위상을 회복하고자 하였으나 1998년 금융위기를 비롯한 대내외적 상황으로 인해 정책 의도와 달리 가시적인 성과를 나타내지 못하였다.

과학기술자의 경제적 대우는 소련 붕괴와 함께 급격히 하락하였다. 당시 과학기술자는 정부에서 책정한 방식에 따라 급여가 결정되었는데, 하위 노동자 수준으로 급여가 지원되었다.

소련 붕괴 이전까지만 해도 높은 경제적 처우, 사회적 대우, 연구개발 환경이 제공됨으로써 전 세계 과학기술자 수의 25%를 차지할 정도였던 과학기술자들은 중산층 이하의 삶으로 내몰리게 되었다. 많은 과학기술자가 해외로 이민 가거나 전직을 하였다. 우수한 과학기술자들은 러시아 과학기술계를 이탈하였고, 젊은 세대들은 과학기술자라는 직업을 선택하지 않으려고 하면서 러시아 과학기술은 연구 논문 수 감소를 비롯하여 과학기술 역량 저하로 이어졌다. 소련 붕괴 후 러시아의 과학기술은 정책적으로나 사회적으로 우선순위도 아니었고, 과학기술자는 비선호의 대상으로 인식되어 갔다.

■ 1.2 푸틴 집권기: 과학기술의 전환 시도

소련 붕괴 이후 경기 침체와 소수 신흥 재벌의 등장 및 부의 독점화, 국제사회의 위상 하락은 강한 러시아로의 회귀, 즉 러시아 노스탤지어를 강하게 불러일으켰다. 이러한 상황에서 2000년 체첸과의 전쟁 및 2008년 조지아 침공 등은 강한 국가를 희망하는 러시아 노스탤지어의 표출 결과로 이해할 수 있다.

국제사회에서 강한 국가로의 이미지 회복과 함께 경제 강국으로서의 이미지 창출은 2000년대 유가 상승으로 어느 정도 현실화될 수 있었다. 2012년은 2000년 기준으로 약 4배 이상의 유가가 상승하였고, 인플레이션과 실업률은 감소하였으며 외환 보유고는 10여 년간 약 20배 가까이 증가하였다. 이러한 경제 지표상 호황에도 불구하고 러시아 국민의 경제 형편은 개선되지 않았다. 이는 올리히가르 등을 중심으로 한 부의 독점과 부패에 기인한 것으로 이해될 수 있는데, 전반적인 경제구조의 개편이 필요한 상황이었다.

2000년에 들어와 국가 재정 상황이 호전되어 가면서 러시아 정부는 연구개발비에 대한 투자를 점진적으로 증가시켰고, 2004년에는 과학기술 진흥을 위한 전담 부처로 교육과학부를 설치하여 다양한 과학기술 정책을 마련하였다. 특히, 2013년에는 국가 연구비의 효율적 배분과 경쟁을 통한 수월성 제고를 위해 러시아과학재단을 설치하기도 하였다.

러시아 정부의 과학기술 진흥 정책에도 불구하고 러시아 과학기술자들의 경제적 상황은 이전과 대비하여 개선되지 않았다. 과학기술자들은 여전히 노동자 평균 임금 수준으로 급여가 지급되었고, 이보다 열악한 상황이었던 교육기관 소속 과학기술자들은 부업으로 경제 활동을 이어갔다. 이제 젊은 세대들은 과학기술자라는 직업이 매력적이지 않았고, 부모 역시 자녀가 과학기술자가 되는 것을 선호하지 않았다. 또한, 일반 국민에게 과학기술은 현재의 문제점, 예를 들어 수질 및 대기 오염과 같은 환경 문제나 보건 의료 수준 향상에 어떠한 해결책도 제시하지 못한다고 인식하고 있었다.

1990년대 정도로 급격하지는 않더라도 2000년에 들어와서 과학기술자들의 수는 꾸준히 감소하였고, 과학기술 관련 연구기관의 수 또한 감소하였다. 러시아에 있어 두뇌 유출은 1990년대에 한정된 현상이 아니었으며, 과학기술자들은 주로 유럽과 미국을 이민 국가로 선택하였다.

이와 같은 과학기술자 감소에도 불구하고 2012년 이후 국제학술지의 논문 게재 수가 증가하는 현상을 보이는 기이한 현상이 나타나기도 하였는데, 이는 정부 차원에서 두뇌 유출을 막고 우수한 과학기술자의 회귀를 장려하고자 우수 논문에 대한 보상 체제와 관련이 있다. 보상 체제는 다양한 형태로 이뤄졌는데 인용률보다는 주로 논문 게재

수를 평가 지표로 설정하다 보니 논문 수의 양적 증가로 나타난 배경이 있다.

■ 1.3 경제 제재기: 과학기술의 위기 직면

2000년 푸틴 집권기 동안에는 소련 붕괴와 함께 나타난 1990년대의 과학기술 붕괴가 더 이상 심화하지 않기를 바랐다. 과학기술 전담 부처를 설치하여 정책의 일관성을 도모하고 연구개발 예산을 확보하는 등의 노력을 경주하였다. 과학기술과 관련된 러시아의 정책은 소련 붕괴기의 과학기술 퇴보를 새롭게 전환하려는 국가 의도로 이해할 수 있다.

2014년 러시아의 크림반도 병합에 대해 미국 및 서방 국가들은 경제적 제재로 응수하였다. 러시아는 2014년을 기점으로 인플레이션과 실업률이 높아졌으며, 외환 보유고는 감소하는 등 경제 위기를 직면하였다. 부의 불균형한 분배와 독점적 구조는 더욱 심화되었고, 많은 국민이 실질적인 빈곤을 체감하게 되었다. 이러한 상황은 강한 국가이자 경제 강국을 염원하던 러시아 국민으로 하여금 러시아 노스탤지어를 더욱 강하게 불러일으켰다.

푸틴 집권기에 설치한 교육과학부는 2014년 들어와서도 다양한 과학기술 진흥 정책과 프로그램을 운영하였으며, 2018년에 과학고등교육부로 기능과 명칭을 개편하고 중등 교육 이하는 교육부로 기능을 이관함으로써 명실상부한 과학기술 전담 부처로 자리매김하였다. 특히 신진 과학기술자들을 육성하고 두뇌 유출을 방지하기 위한 다양한 프로그램을 마련하였고, 연구개발 예산의 효율적 집행을 위한 평가 체계를 마련하는 등 과학기술에 대한 정부 정책은 이전보다 훨씬 활발히 나타났다.

과학기술자들에 대한 경제적 처우는 구소련 시대에 비할 정도는 아니지만, 이전의 시기보다는 훨씬 개선되었다. 그럼에도 불구하고 여전히 과학기술자에 대한 사회적 인식은 개선되지 않았다. 젊은 층을 대상으로 한 설문조사에서도 61%가 기업 취업을 희망한 반면, 10%만이 과학기술자를 선호하는 정도에 그쳤다.

1990년 이래 과학기술자에 대한 사회적 인식과 처우의 결과는 2014년 이후 러시아 과학기술자의 감소로 이어졌다. 특히 2000년 이래 꾸준히 감소한 과학기술자 수는 2014년 이후 다양한 정부 정책에도 불구하고 지속되었다.

1990년대의 과학기술 붕괴, 2000년의 새로운 전환 국면 모색에도 불구하고 정책의 경로 의존성과 고착화된 사회적 인식은 과학기술자에 대한 경제적 처우 개선처럼, 일부의 사회적 요인을 변경한다고 해서

변화하지 않았다. 또한, 낙후된 연구 장비나 관료적인 연구 행태는 과학기술자라는 직업을 선택하는 데에 장애가 되었다. 현대 젊은 세대들의 국제적 교류 활성화와 정보 공유 확산에 따라 해외에서 과학기술자의 삶이 러시아 국내에서 과학기술자의 삶과는 대비되었고 과학기술자로서의 직업 선택을 주저하게 하였다.

표면상으로 러시아의 과학기술은 위기이다. 신진 과학기술자들이 육성되지 않는 현실에서 러시아는 고령화된 과학기술자들에 의존하게 되었고, 최신 지식을 습득하여 창의성을 발휘하기 어려우며 과학기술을 교육하는 고등교육기관에서는 교수가 생계를 위해 고민해야 하는 상황이다. 설령 신진 과학기술자들이 육성된다고 해도 해외 이민을 통해 자신의 연구 경력을 지속하기를 희망한다.

이러한 상황에서 러시아는 우크라이나와의 전쟁이라는 또 하나의 역사적 사건(historical event)에 직면하였다. 다음에서는 우크라이나 전쟁 이후의 러시아 과학기술을 두 가지 시나리오를 통해 살펴보고자 한다.

2. 향후 예측: 우크라이나와의 전쟁 이후

1991년 소련 붕괴 이후, 푸틴 집권기를 거쳐 경제 제재기까지 러시아 과학기술과 관련하여 작동된 다양한 요인을 토대로 2022년에 발생한 우크라이나와의 전쟁 이후 러시아 과학기술을 두 가지 시나리오를 통해 예측해 보고자 한다. 다만, 예측이란 미래에 있을 다양한 변수와 환경 맥락을 고려해야 하므로 정확성은 담보하기 어려우나 미래의 상황을 추론해 봄으로써 현재 상황을 보다 잘 이해하게 하고, 한국을 비롯한 주변 국가의 대응 방안을 수립하는 데에 도움이 될 것이다.

2.1. 예측 시나리오: 과학기술 위기의 심화

2018년 대선에서 재집권에 성공한 푸틴 대통령은 국가의 재정 투자가 주로 신무기 개발 등에 있었음을 인정하면서 국방 예산을 줄이고 세계 5대 경제 강국으로 진입하겠다고 발표한 바 있다. 그러나 한 나라의 정책은 다양한 이해관계자가 얽혀있고, 특히 국방의 경우는 주변 국가와의 국제 관계가 미묘하게 작용하고 있으며 예산 삭감이 국방력 감소로 이어질 수 있기 때문에 정책이나 재정 투자를 변경하기가 쉽지 않다. 실제로 2018년 이후 러시아의 국방 예산은 지속적으로 증가하여 왔다.

[그림-19] 2000~2020년까지 러시아의 GDP 대비 국방 예산 투자 비율

(단위: %)

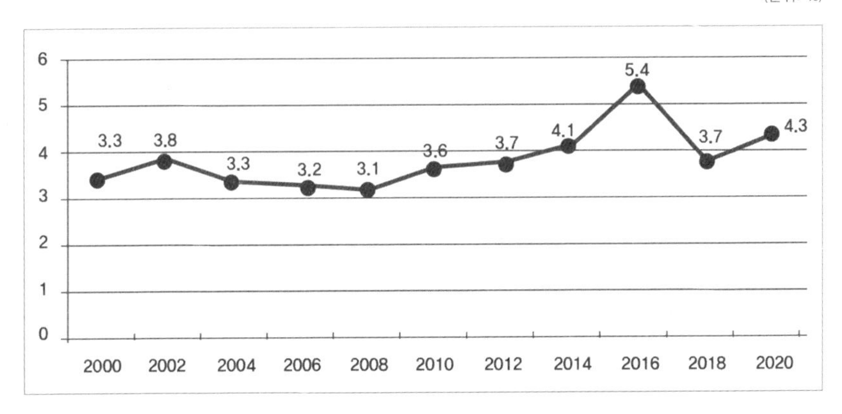

출처: https://data.worldbank.org/indicator/MS.MIL.XPND.GD.ZS?locations=RU

2022년의 우크라이나와의 전쟁은 국제사회에서 강한 국가로서의 이미지를 회복하려는 러시아 노스탤지어가 표출된 일례라 할 수 있다. 2008년 조지아 침공과 비교하면 우크라이나가 서방 세력의 지지를 기반으로 나토 가입을 희망하였다는 점에서 유사한 모습을 찾아볼 수 있으나 한 달 만에 패전한 조지아와 달리 우크라이나의 거센 저항과 서방을 비롯한 국제사회로부터 러시아에 대한 고립과 제재는 러시아가 당초에 예상한 수준을 벗어났다.

이러한 상황을 종합해 볼 때, 러시아는 우크라이나와의 전쟁이 종료된 이후 더 강한 국가를 표방하면서 국방 예산을 증가시킬 것이 예측된다. 상기 그림에서 확인할 수 있는 것처럼 2008년 조지아와의 전쟁

직후나 2014년 크림반도 병합 이후 국방예산이 증가하였음을 확인할 수 있다. 특히 우크라이나와 오랜 시간 동안 전쟁을 치르면서 노출된 전략 자산의 한계는 기존과 달리 더욱 증가된 규모의 국방예산이 투입될 것으로 예상된다.

한편, 2022년 우크라이나와의 전쟁은 러시아의 경제에 치명적인 영향을 주었는데, 전쟁 종료 이후 러시아에 대한 해외 투자의 급감이 예상된다. 해외 직접 투자의 경우[36], 2008년 747억 달러였던 것이 조지아 침공 직후인 2009년 365억 달러로 급감한 적 있고, 2014년 220억 달러에서 크림반도 병합 직후인 2015년에 68억 달러로 급감한 사례를 볼 때 크림반도 병합 사건보다 높은 정도로 해외 직접 투자 감소가 예상된다. 또한, 우크라이나 전쟁을 치르는 동안 러시아의 국내 인플레이션은 2022년 2월 기준 9.2%에서 동년 4월에 17.9%까지 치솟은 만큼 전쟁 이후 인플레이션은 더욱 상승할 것이고, 2021년에 4.8%의 경제 성장을 보였던 러시아가 2022년 3.4%로 전환된 사실을 기반으로 할 때, 당분간 경제 영역에 있어 러시아는 지루한 침체기에 직면할 가능성이 크다.

과학기술 정책의 경우, 러시아는 우수한 기초과학을 토대로 군사기술이 발달해 왔고 군수생산 및 첨단기술의 국유화를 통해 군사기술의

---

36) https://data.worldbank.org/indicator/BX.KLT.DINV.CD.WD?locations=RU

첨단화를 모색해 온 만큼, 전쟁 이후 러시아의 과학기술은 기존과 같이 군사기술 중심의 기술 개발이 심화될 것으로 예측된다. 우크라이나와의 전쟁 동안 미국은 반도체, 컴퓨터, 통신, 정보 보안 등의 장비나 소프트웨어의 대러 수출을 금지하였고, 유럽연합은 항공, 우주 분야에서의 기술과 제품 수출을 금지한 사실을 미뤄볼 때, 러시아는 첨단기술의 해외 의존도를 낮추기 위하여 군사 분야의 대체기술 개발에 주력할 것이다.

이를 위해 공공과 민간의 구분 없이 국가 차원에서 과학기술 통제와 관리가 더욱 강화될 것이다. 러시아는 과학기술을 산업을 포함한 민간기술 영역과 군사기술 영역으로 구분하면서도 실제로는 민간기술 개발을 군사전략의 하나로 포함하여 왔기 때문이다(Burenok et al., 2009)[37].

[표-32] 연구개발비 중 정부투자 비율 추이

(단위: %)

	2014	2015	2016	2017	2018	2019	2020
한국	22.96	23.66	22.68	21.58	20.56	20.68	22.40
미국	25.91	24.68	23.18	22.50	21.95	20.66	20.08
러시아	69.22	69.52	68.17	66.17	67.03	66.29	67.80

출처: https://stats.oecd.org/

37) President of Russia, "On Strategic Planning in the Russian Federation," No. 172-FZ, June 28, 2014a

특히 러시아는 한국이나 미국과 같은 기술 선진국과 비교해 볼 때, 국가연구개발비의 70% 가까운 예산이 정부에서 부담하는 현실은 러시아의 과학기술이 공공 영역이라고 불리는 배경이 되며, 국가 개입이 용이한 구조적 특징을 가진다.

과학기술자에 대한 처우의 경우는, 전술한 바와 같이, 경제 상황과 사회 인식 등이 복합적으로 작용하는 만큼 종전 이후 획기적인 개선을 기대하기는 어려울 것이다. 지금까지 역사적 사실과 통계를 근거로 할 때, 국가 경제가 침체되면 연구개발비 축소로 이어졌고, 연구환경의 악화로 나타났으며, 과학기술자에 대한 경제적 처우도 개선되기 어려웠다.

[그림-20] 1999~2021년까지 러시아의 GDP 성장률 추이

(단위: %)

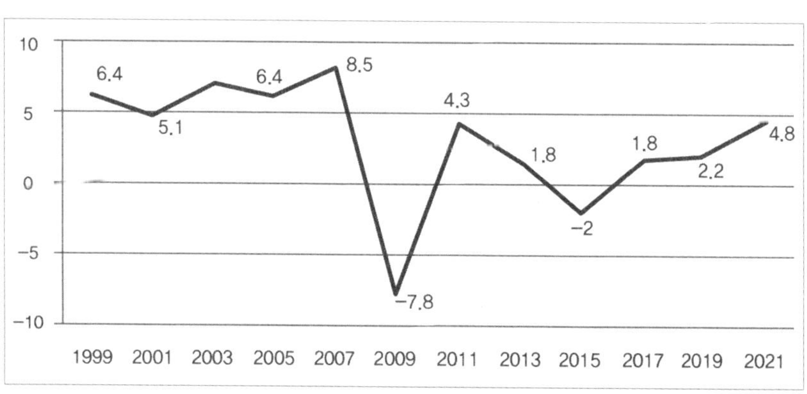

출처: https://databank.worldbank.org/

상기 그림에서 살펴볼 수 있는 바와 같이, 2008년과 2014년 무력 충돌 직후 러시아의 GDP는 하락하였음을 확인할 수 있다. 경제 성장의 하락은 곧 연구비 감소를 비롯하여 과학기술자들의 처우에도 영향을 주었는데, 2014년 크림반도 병합 이후 러시아 정부가 어려워진 재정 상황으로 인해 기존의 연구비 지급 방식을 변경하여 경쟁을 통한 연구비 배분 방식으로 전환한다고 발표했을 때 과학기술자들이 시위한 사례[38]는 종전 이후 반복될 가능성이 크다.

과학기술에 대한 국가 통제나 관리의 강화는 연구의 관료화를 고착화시켜 연구주제의 창의성이나 과학기술자의 자율성을 저해할 뿐 아니라, 연구개발비 감소와 과학기술자에 대해 개선되지 않은 처우는 과학기술자 수의 감소로 이어질 것이다. 더 좋은 연구시설과 연구환경 및 풍부한 연구비를 찾아 해외로 이주하는 러시아 과학기술자는 전쟁이 종료되면 더욱 가속화될 것이 예측된다. 실제로 2022년 상반기에만 과학기술자를 비롯하여 IT 전문가 등 4,000,000명이 러시아를 떠나 해외로 이주했는데[39], 신진 과학기술자를 중심으로 해외 유출은 더욱 확대될 것이 예상된다. 아래의 그림은 젊은 세대의 해외 이민 선호 비율 추이를 보여주는데, 전쟁이라는 심리적 충격과 물질적 어려움은 해

38) https://www.science.org/content/article/russian-researchers-protest-government-reforms

39) https://www.aljazeera.com/news/2022/5/23/many-leave-russia-as-ukraine-war-drags-on

외 이민을 가속화 할 것이다.

[그림-21] 2009~2019년까지 해외 이민을 희망하는 러시아 젊은 세대 추이

(단위: %)

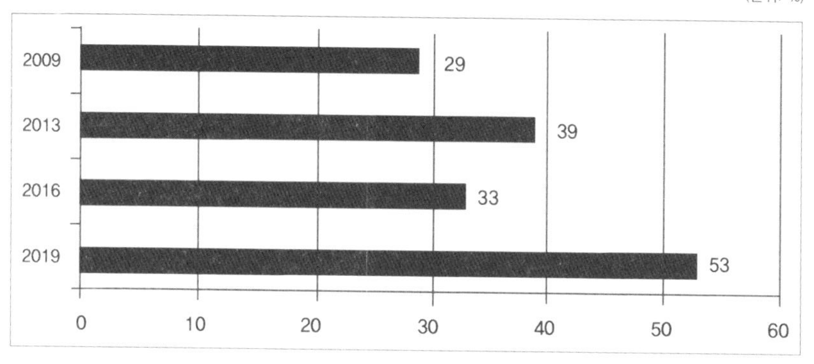

출처: https://www.rferl.org/

상기 그림은 2009년부터 2019년까지 10년간 젊은 세대를 대상으로 해외 이민을 희망하는 정도에 대한 설문조사 결과를 보여주는데, 2019년의 경우 응답자의 절반 이상이 해외 이민을 희망한다는 충격적인 결과를 나타냈다.

한편 종전 이후, 과학기술자들의 해외 유출은 젊은 세대에만 한정되지 않을 것으로 예상된다. 복잡성과 불확실성이 증가하는 현실에서 국제협력을 통한 연구방식은 과학기술 영역에 매우 중요하다. 일반적으로 과학기술 국제협력은 상이한 학문 분야의 융복합 형태이나 동일한 학문 분야라 할지라도 역할 분담을 통해 추진된다. 국제 협력을 통한 연구 성과는 파급효과가 높고 논문의 인용률도 높으며, 단독 연구보다

가시적인 성과물을 도출하는 경우가 많다. 실제로 구소련 시대부터 과학기술의 국제협력이 지속되어 온 것은 정부 차원에서 폐쇄적인 정책을 견지했다고 할지라도 과학기술에서만큼은 개방적인 정책이 효과적이라는 점을 방증한다.

[그림-22] 2019년 러시아의 국제공동논문 공동저자의 국적 현황

(단위: 건)

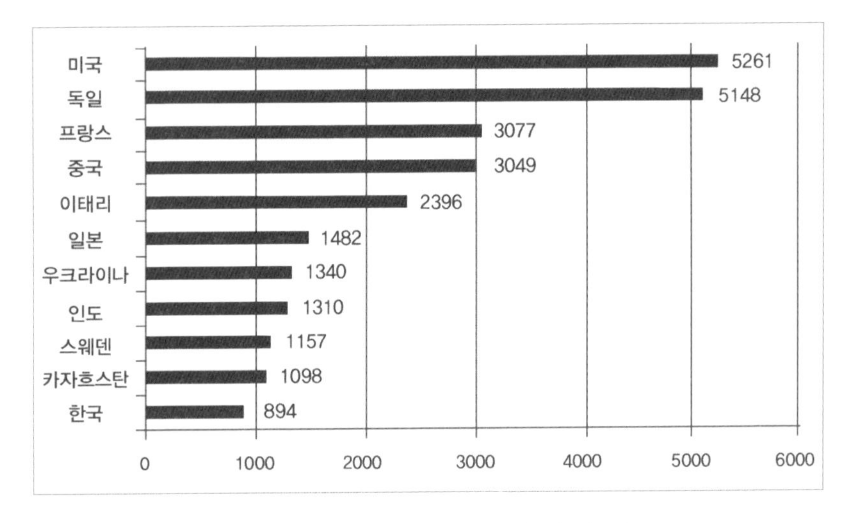

출처: HSE(2019), Science and Technology Indicator in Russian Federation

상기 그림은 2019년 Scopus를 기준[40]으로 러시아 과학기술자들이 국제공동연구를 통해 게재한 논문 현황을 보여주는데, 러시아는 주로 미국과 독일을 대상으로 국제공동연구가 진행되어 왔다.

40) Web of Science를 기준으로 할 때, 유사하게 나타났다.

그러나 우크라이나와의 전쟁 이후, 국제사회의 제재가 이전과 달리 경제 분야를 넘어 과학기술 분야로 확대됨으로써 러시아 과학기술계의 국제적 고립이 가시화되고 있다.

대부분의 국제사회는 러시아와의 과학기술 협력 중단을 선언했다. 독일의 경우 2022년 3월 러시아와의 과학기술 교류를 제한한다고 발표하였고, 미국 역시 러시아와 과학기술 협력을 중단하겠다고 선언한 바 있다[41]. 이외에 폴란드, 덴마크, 노르웨이, 핀란드도 러시아와의 과학기술협력 중단에 동참하였다[42]. 최근에는 중국 또한 러시아와의 과학기술 협력을 중단하는 등[43 44], 러시아 과학기술자들의 국제공동연구는 난관에 봉착하였다. 중국은 러시아 국적의 과학기술자가 논문 공저자에 포함되는 경우 논문 게재가 거부될 가능성이 크다는 판단과 러시아에 대한 국제 과학기술계의 고립 동향이 중국 과학기술계로 확대되는 것을 우려하는 것에 기인한다.

물론 모든 국가와의 과학기술 협력이 중단된 것은 아니다. 정치, 경

---

41) https://www.interfax-russia.ru/modernizaciya-obrazovaniya/massachusetskiy-tehnologicheskiy-institut-i-skolteh-prekratili-sotrudnichestvo-iz-za-situacii-na-ukraine

42) 이에 대해 러시아는 과학기술이 정치적으로 영향을 받아서는 안 된다며 우려를 표명하였다. https://www.vedomosti.ru/

43) https://www.scmp.com/news/china/science/article/3174421/leading-russian-scientist-says-chinese-have-stopped-cooperating?module=perpetual_scroll_0&pgtype=article&campaign=3174421

44) https://news.abs-cbn.com/overseas/04/16/22/china-stops-cooperating-with-russia-after-ukraine-invasion-scientist

제, 국방 면에서 긴밀하게 협력하여 온 카자흐스탄, 벨라루스 등의 주변 국가들은 과학기술 협력 체제를 유지하고 있고, 인도는 우주항공, 에너지, 극지 연구와 같은 러시아의 강점 분야에 대한 협력 실익에 따라 과학기술 협력 관계를 유지하고 있다.

따라서 일부 국가를 제외하고 대부분의 국제사회로부터 과학기술 고립이 가시화되는 상황에서, 러시아 과학기술자의 해외 이주는 종전 후 가속화될 것이 예상된다.

이러한 모든 상황을 종합해 볼 때, 우크라이나 전쟁 종료 후 러시아의 과학기술은 2020년 이전의 수준으로 회복하기는 쉽지 않을 것이며, 오히려 과학기술 역량의 저하가 우려할 수준에 이를 수 있다.

■ 2.2. 예측 시나리오: 과학기술 변혁과 발전

2022년 우크라이나와의 전쟁은 러시아의 세대 간 인식의 차이를 확인하게 해주는 계기가 되었다. 전쟁 직후인 2월에 실시한 여론조사[45]에 따르면 18세에서 24세의 젊은 세대 중 38%가 전쟁을 지지한 반면, 인구 분포에서 가장 많은 비율[46]을 차지하는 30세부터 44세의 연

---

45) https://thebell.io/zakrytyy-opros-vtsiom-pokazal-razdelenie-mneniya-rossiyan-o-voyne-porovnu

46) https://www.statista.com/statistics/1005416/population-russia-gender-age-group/

령층은 전쟁 지지에 72%가 응답하였다. 부분 동원령이 내려진 9월의 여론조사[47]에서는 18세에서 29세 사이의 젊은 세대 중 23%만이 전쟁에 참여할 의사가 있다고 응답한 반면, 45세부터 59세는 37%가 참의 의사를 표하는 등 러시아는 젊은 세대와 기성 세대 간의 인식 차이가 존재하였다.

러시아의 젊은 세대들은 디지털 기술에 익숙해 있고, 국제사회에 개방적이며, 정보에 대해 편협되지 않아 보다 민주적인 입장을 견지해왔다. 특히 기성세대와 달리 서구화된 삶에 대해 수용성이 높고, 무조건적으로 정부를 숭배하거나 지지하지도 않는다(Radayev, 2018). 따라서 향후 젊은 세대가 러시아 사회의 주요 계층으로 등장하게 되는 시점에는 지금까지 러시아 사회의 작동 기제에 중요한 영향력을 행사한 러시아 노스탤지어가 새로운 내용으로 변화하거나 기억 속에서 사라질 수 있다.

종전 이후에도, 올리히가르 중심의 독점적 경제구조는 개선되기 어려울 것이다. 유가 상승의 효과는 국민에게 배분되지 않고 부의 불평등한 구조는 심화되어 갈 것이다. 높은 인플레이션과 생필품의 부족은 일반 국민의 경제적 빈곤을 야기할 것이다.

물론 이러한 경제 상황이 소련 붕괴 이래 러시아 국민에게는 익숙한

---

47) https://www.kommersant.ru/doc/5502633

것일 수 있지만, 종전에 대한 후속 조치로 더욱 강력해진 서방의 제재와 보상에 수반된 다양한 문제는 전쟁에 대한 대가로써 러시아 국민이 인내할 정도를 벗어날 수 있다.

이러한 상황에서 러시아 국민은 새로운 영역에서 부의 창출을 모색할 것이고, 특히 젊은 세대를 중심으로 과학기술에 기반한 성장 동력을 추구해 갈 것이다.

[표-33] 국가별 기업 환경 평가 지수[48]

(단위: 점)

	2015	2016	2017	2018	2019
한국	83	84	84	84	84
미국	84	84	84	84	84
러시아	74	75	77	77	78
프랑스	76	76	76	77	77
중국	62	64	64	73	77
이탈리아	72	72	73	73	73

출처: World Bank, Doing Business project(doingbusiness.org)

러시아는 창업을 위한 환경이 상대적으로 잘 구축되어 있다. 2019년을 기준, 기업 환경 평가 지수는 78점으로, 일본이나 스페인과 동등한 수준으로 창업 환경이 잘 조성되어 있다. 우크라이나와의 전쟁

48) 아래의 표는 기업 환경 평가 지수를 보여주는데, 기업을 하기에 가장 어려운 경우는 0이고 기업에 친화적인 경우 100으로 나타난다.

을 거치면서 해외 투자가 유출되고 자금 경색이 심화되었기 때문에 러시아는 전쟁 종료 직후부터 해외 투자를 유치하려는 정책을 추진할 수밖에 없을 것이 예상되는 만큼, 과학기술을 기반으로 한 창업과 해외 투자 유치는 과거 올리히가르와 다른 새로운 부유층의 등장을 촉진시킬 것이다. 특히 젊은 세대를 중심으로 창업 활동이 활발해질 것이다.

과학기술을 기반으로 한 창업의 활성화는 혁신 기술을 발굴할 기회를 높이게 되고, 과학기술에 대한 민간의 투자 확대로 이어질 것이다. 과학기술은 기초과학 영역에 그치지 않고 상용화로 연결됨으로써 자원 의존형 경제구조에서 탈피하여 혁신 생태계가 구축되는 등 새로운 경제구조로 개편이 이뤄질 것이다.

[그림-23] 1991~2019년까지 러시아의 삼극 특허 추이

(단위: 건)

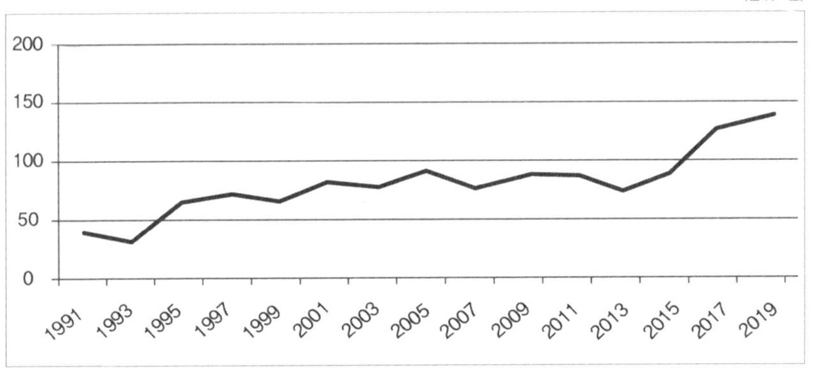

출처: OECD(2022[49]), Triadic patent families (indicator). doi: 10.1787/6a8d10f4-en

상기의 그림은 러시아의 삼극특허 건수의 증가 추이를 보여주는데, 특허 수의 증가는 혁신 기술을 기반으로 한 기술사업화와 창업 기회의 확대를 의미한다. 종전 이후에 형성된 혁신 생태계의 활성화와 변화된 경제구조는 특허 건수의 급격한 상승으로 이어질 것이다.

특허는 공개성을 원칙으로 하므로, 군사기술과 같은 전략적 자산에 해당하는 과학기술보다는 상용화 가능성이 큰 비전략 자산 분야의 과학기술이 발전할 것이다. 군사기술 중심의 과학기술에서 민간기술로 과학기술의 활용 범위가 변화할 것이며, 민간기술에 대한 해외 투자도 유치할 수 있을 것이다.

---

49) 삼극특허(Triadic patent families)란 3개 주요 특허청에 등록된 특허기술을 의미하는데, 유럽 특허청(EPO), 일본 특허청(JPO) 및 미국 특허청(USPTO)이 해당한다.

전통적으로 강점인 기초과학 역량을 토대로 혁신 기술이 도출되고 사업화를 통해 부가가치 창출로 연계된다면 러시아는 종전 후 글로벌 기술혁신 거점으로 변모할 수 있다.

러시아는 인구 대비 고등교육 이수자가 전 세계에서 가장 높다. 아래의 표는 G20에 속하는 주요 국가의 25세부터 64세까지 인구 중 고등교육을 이수한 인구 비율을 보여준다. 러시아는 주요 국가들보다 인구 대비 높은 교육 수준을 보여왔으며 2018년을 기준으로 할때, 고등교육 이수자 비율은 독일의 약 2배 수준에 해당한다.

[표-34] 주요 국가의 인구 대비 고등교육 이수 비율

(단위: %)

	2010	2012	2014	2016	2018
러시아	50.37	50.52	51.57	53.06	56.70
일본	44.8	46.6	48.2	50.5	51.9
한국	39.0	41.7	44.5	46.6	49.0
미국	41.7	43.1	44.2	45.7	47.4
영국	38.2	41.0	42.2	45.8	45.8
독일	26.6	28.1	27.1	28.3	29.1

출처: OECD(2022), Adult education level (indicator). doi: 10.1787/36bce3fe-en

러시아 국민의 높은 교육 수준은 혁신 생태계를 조성하는 데에 있어 높은 잠재력이 될 것이다. 고착화된 자원 의존형 경제구조에서 탈피하여 혁신 기술을 사회 속에서 수용하고 내재화함으로써 사회 발전을 촉진하고 다양한 행위자들이 혁신 기술을 부가가치로 연결시키는 과정에서 국민의 교육 수준은 국가의 잠재력으로 작용할 것이다. 특히 러시아 특징 중 하나가 노동시장의 높은 탄력성이라는 점을 고려할 때 혁신 생태계의 빠른 구축이 가능할 것으로 기대된다.

러시아 과학기술자의 고령화와 신진 연구인력의 감소, 두뇌 유출 및 연구 장비의 노후화는 소련 붕괴 이후 최근까지 러시아 과학기술 발전에 장애 요인으로 작용해 왔다(Yegorov, 2009). 러시아 정부는 그동안 과학기술자 감소가 국가의 성장 동력 하락으로 연결된다는 점을 인식하여 왔기 때문에 연구인력의 유출을 방지하고 차세대 연구인력을 육성하기 위한 다양한 제도와 프로그램을 마련할 것이며, 연구 장비 첨단화와 과학기술자에 대한 경제적 처우 개선 등도 수반될 것이 예상된다. 또한, 우크라이나와의 전쟁을 겪으면서 자국의 첨단기술이 서방의 기술과 상당한 격차가 있음을 실감했던 현실적인 이유에서라도 과학기술에 대한 정책과 프로그램 수립은 활발해질 것으로 예상된다.

실제로 러시아는 2022년 한 해 동안 러시아과학재단의 신진 과학기술자 지원사업을 통해 33세 미만의 507명의 과학기술자에게 연간 최대 2백만 루블, 35세 미만의 403개의 신진 연구 그룹에는 최대 6백만 루블을 지원한 바 있다[50]. 신진 과학기술자 육성은 과학기술자의 세대 교체를 의미하고, 연구 행정의 탈관료화를 촉진할 것이다. 최신 연구 장비와 경제적 처우가 정부 차원에서 제공된다면 해외에 거주하는 자국의 두뇌 유입을 비롯하여 주변 국가로부터의 인재 유입도 가능할 것이다. 젊은 과학기술자들은 과거의 특권이나 권위에 대한 기억이 없기 때문에 러시아의 과학기술은 서구적이고 개방적인 형태로 변모할 것이다.

50) https://rscf.ru/en/news/en-57/rsf-to-release-1057-new-grants-for-early-career-researchers/

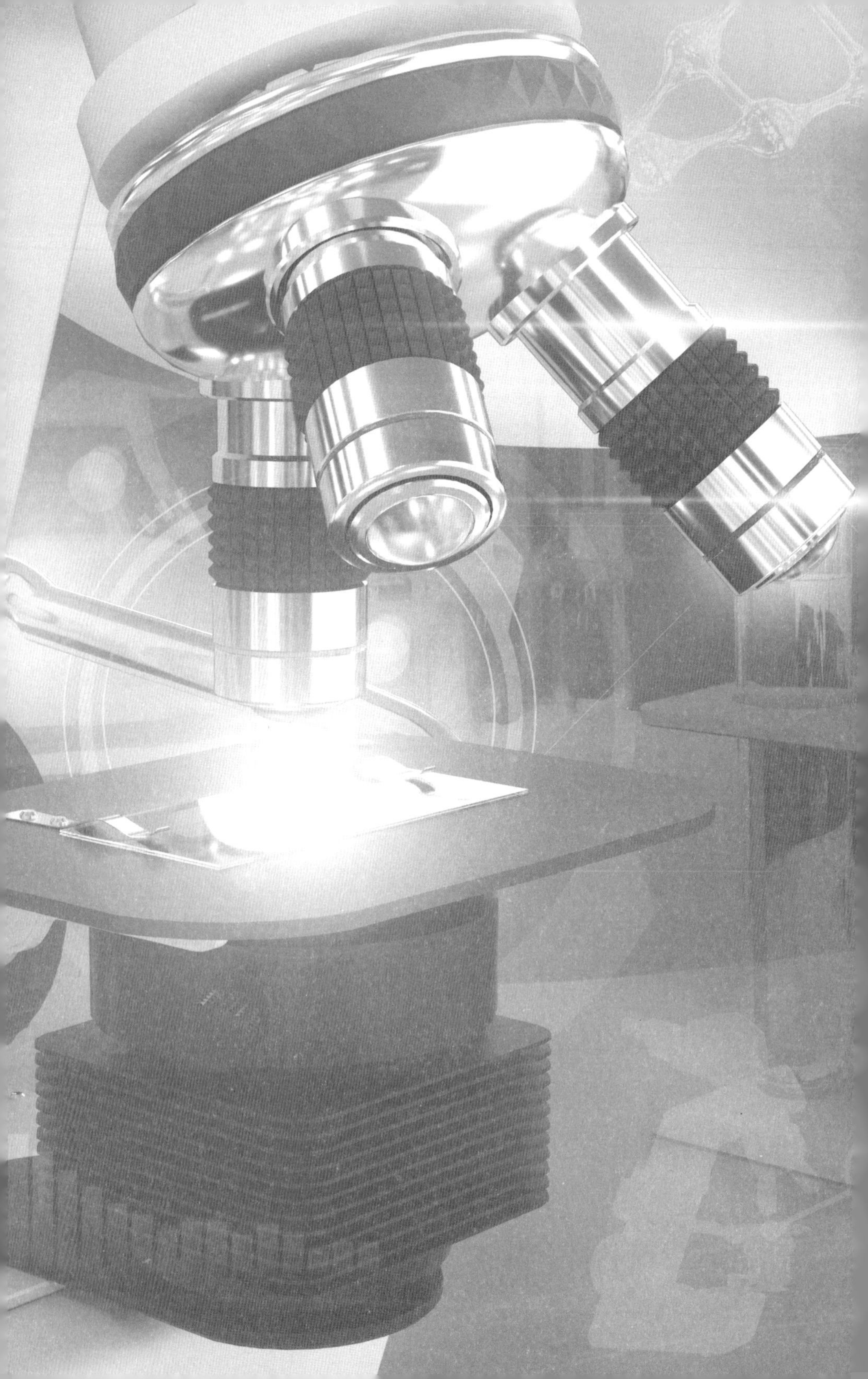

제7장

러시아의 과학기술과 한국에 시사점

1. 과학기술 관련 포퓰리즘 경계
2. 과학기술 사업화 지원 체계 구축
3. 사회 속 과학기술 모색
4. 신진 과학기술자 육성과 적극적인 인구 대책 수립
5. 두뇌 유출 대응 방안 마련

1. 과학기술 관련 포퓰리즘 경계

러시아는 구소련 붕괴 이후 서구 자본주의 체제 도입 과정에서 나타난 경제 실패와 국제사회에서 위상 하락을 겪으면서 1990년대 중반 러시아 노스탤지어라는 무형의 개념을 형성하였다(Зборовский и Широкова, 2001; Munro, 2013). 특히 새로운 국가인 러시아에 대한 국민적 기대와 달리 암울한 현실에서 비롯된 당혹감(White, 2010)은 러시아 노스탤지어를 더욱 공고하게 하였다.

러시아 노스탤지어는 경제, 정치, 군사 등 사회 전반에 작동하였는데, 특히 정치적 수사로 활용되었다. 러시아 국민이 염원하던 강한 국가이자 경제 강국은 실제로는 현실로 이뤄지지 못했고, 오히려 러시아 노스탤지어는 강력한 정치적 포퓰리즘으로 활용되었다. 이는 여러 학자의 연구에서도 등장하는데, Velikonja(2009)는 러시아 노스탤지어가 정치적 신뢰를 얻고 대중 지지 등의 정치적 목적을 달성하기 위해 활용되었다고 주장한 바 있고, Otto Boele et al.(2019)[51]는 러시아의 노스탤지어가 정치[52], 경제에 미친 영향을 실제 사례를 통해 입증한 바 있다.

---

51) 러시아가 2014년 크림반도 병합을 영토 회복으로 설명하는 것이 전형적인 노스탤지어의 표출로 볼 수 있다고 주장한 바 있다.

52) 푸틴 대통령은 구소련 붕괴가 20세기의 최대 재앙이라고 주장하였다(https://www.nbcnews.com/id/wbna7632057#.WSMDwPnythE).

즉, 러시아 노스탤지어는 러시아 국민의 염원과 국가 방향을 제시하고 있음에도 불구하고 실제로는 정치인들이 지지기반을 확보하여 정권을 유지하고 권력을 행사하는 데에 활용되었다.

우리나라의 경우도 선거 시즌의 정책 공약에서 선진화된 첨단기술에 바탕을 두고, 미래 사회의 비전과 모습을 제시하려는 정치적 수사가 자주 등장한다. 이러한 비전이 실제 현실로 구현되는 경우가 있기는 하지만, 대부분은 현실 이행 가능성이 부족하여 청사진 제시에 그치는 경우가 많다. 과학기술에 있어 현실 불가능한 미래 사회의 제시는 종국에는 국가 발전에 장애로 작용한다. 현명한 국민이라면 과학기술에 대한 현란한 수사에 영향받지 않는 노력이 필요하고, 정치인 역시 과학기술을 포퓰리즘의 수단으로 악용하려는 행태는 지양해야 할 것이다.

2. 과학기술 사업화 지원 체계 구축

러시아는 2000년 푸틴 집권기를 거치면서 유가 상승과 물가 안정화 등을 통해 재정이 늘었음에도 연구개발 투자의 증대로 연결되지 않았고 올리히가르 중심의 독점적 경제구조가 가져오는 부의 불평등은 과학기술자의 경제적 처우 개선으로 이어지지 않았다.

민간보다 공공 주도의 과학기술 정책은 과학기술에 대한 민간 투자 활성화에 장애가 되었고, 혁신 기술을 발굴하여 부가가치를 창출하기보다 전통적이고 국방 영역에 부합하는 기술을 중심으로 육성하였다. 심지어 2013년에 기술 사업화와 혁신기술 개발을 위해 건설된 스콜코보 단지, 2011년에 산학연 협력을 통한 혁신기술 개발과 투자 활성화를 위해 설치된 전략계획청(Agency for Strategic Initiatives)과 VTB 은행을 통한 창업 지원 체계를 마련했음에도 불구하고 러시아는 전통적이고 군사기술을 중심으로 지원 대상 기술을 설정하는 한계를 벗어나지 못했다.

기업 창업을 장려하지 않는 전체주의와 왜곡된 법률 시스템 및 정부 통제 하의 산학연 협력은 기존의 관행을 고착화시키고, 과학기술의 퇴보로 이어졌다.

우리나라는 2003년 산업교육진흥 및 산학협력촉진에 관한 법률에 따라 국내 대학에 산학협력단 설치가 가능해졌고, 2020년 기준 413개의 대학교 중 86.7%인 358개 대학교가 산학협력단을 운영 중이며 7,998명이 소속되어 있다(한국연구재단, 2021). 대학교에 국가나 지방자치단체 혹은 산업체 등과의 계약을 통해 정원 외의 학위 과정을 운영할 수 있는 계약학과를 설치할 수 있게 함으로써 산학협력을 활성화시키고 있다.

가시적인 성과로는 2020년 기준 기술이전 계약은 5,258건이고, 기술이전료가 100,477백만 원에 달하였는데 기술이전료의 경우 과학기술자에 대한 보상비 573억 원(약 56.3%)과 산학협력단 운영비 214억 원(21%)이 지출됨으로써 산학협력과 혁신기술 도출을 장려하는 분위기가 조성되고 있다.

이러한 설명에 의하면 우리나라의 과학기술 사업화 지원 체계는 러시아보다 잘 구현되어 있는 것으로 이해될 수 있으나 주요 국가들과 비교하면 격차가 존재함을 확인할 수 있다. 아래의 그림은 과학기술을 통한 부가가치 창출의 기여도를 보여주는 것으로, 2019년을 기준으로 우리나라는 9.95%로 러시아(6.53%)보다는 높으나 프랑스(14.09%)나 미국(12.26%)보다는 낮게 나타나고 있음을 확인할 수 있다.

[그림-24] 국가별 부가가치 창출의 과학기술 기여도

(단위: %)

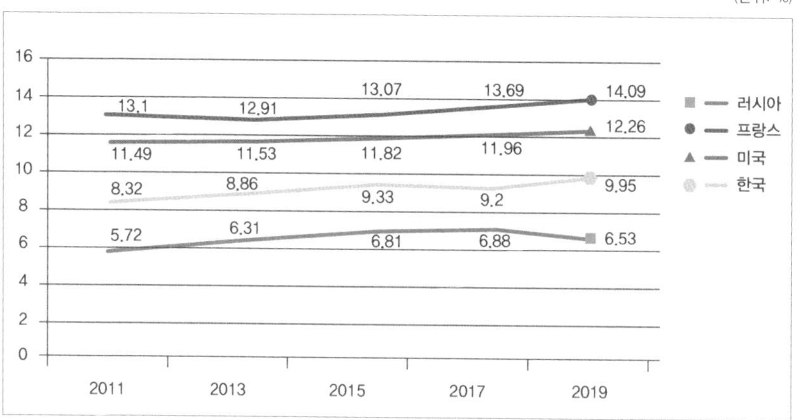

출처: OECD (2022), Value added by activity (indicator). doi: 10.1787/a8b2bd2b-en

따라서 과학기술 역량이 부가가치 창출로 연결될 수 있도록 정부 차원의 제도와 지원이 더욱 확대되어야 할 것이며, 과학기술계 스스로의 혁신 생태계 조성 노력이 필요하다. 특히, 러시아의 사례처럼 정부 주도 및 통제 속의 과학기술이 아니라 자발적이고 민간 중심의 과학기술혁신 체제가 구축되기 위해서는 정부는 최대한의 지원과 최소한의 개입에 그쳐야 할 것이다.

3. 사회 속 과학기술 모색

소련 붕괴 이후 과거에 화려했던 과학기술 영광은 재현되지 않았고, 더 이상 과학기술은 국가의 우선순위가 되지 않았다.

러시아 국민은 과학기술을 통해 수질과 환경 개선, 보건의료의 첨단화 등 생활과 밀접한 영역에서 편의 제고와 삶의 질 향상을 기대한 반면, 러시아 정부에 있어 과학기술은 군사기술과 관련된 항공우주나 원자력 등 첨단기술 개발에 초점을 둠으로써 국민과는 괴리되어 있었다.

러시아 국민에게 과학기술자들은 자신의 분야에서 지식을 탐구하는 사회와 동떨어진 학자 정도로만 인식되었기에 과학기술자들에 대한 처우 개선의 필요성이 보편적으로 인식되지 않았다. 실제로 아래의 그림은 2020년 18세에서 65세 미만의 러시아와 미국 국민이 자국의 과학기술자에 대한 인식을 조사한 것인데, 러시아의 과학기술자들이 미국보다 자기중심적인 측면이 높게 나타나고 있다. 이는 러시아 과학기술자들이 국민 생활과 괴리되어 자기 만족적인 영역에 매몰되어 있다는 점과 국민들이 러시아 과학기술자들에 대한 기대가 충족되지 못한 것에 대한 불만이 존재한다는 것을 시사한다.

[그림-25] 미국과 러시아의 과학기술자에 대한 인식 조사 결과

(단위: %)

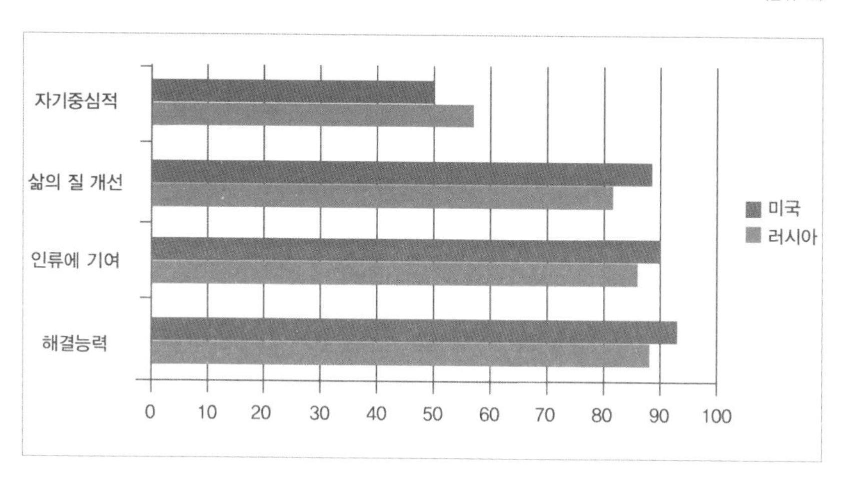

출처: NSB(2022)

우리나라의 경우 사회 속에서 과학기술을 작동시키려는 노력을 경주하여 왔다. 리빙랩이라든지 사회문제 해결형 연구개발사업 등은 과학기술과 사회를 연계하려는 노력으로 볼 수 있다. 나아가 아직 구현되지는 않았지만, 연구개발사업의 기획 단계에서부터 시민 참여의 필요성을 제시하는 연구(김태희, 2017)도 있는데, 이러한 노력은 사회와 과학기술을 연계하려는 측면에서 매우 고무적이라 할 수 있다.

사회와 괴리된 과학기술은 지속가능성이 낮다. 사회 속에 과학기술이 자연스럽게 체화되고 과학기술적 사고와 행태가 생활에서 표출되고 활용될 수 있는 환경 조성과 인식의 전환이 필요하다.

4. 신진 과학기술자 육성과 적극적인 인구 대책 수립

러시아 과학기술자가 감소한다는 사실은 과학기술의 위기를 의미한다. 이에 대한 해결책으로 단순히 경제적 처우 개선만이 제시될 수 없다. 과학기술자에 대한 낮은 사회적 인식, 열악한 연구환경, 부족한 연구비, 연구의 관료화, 군사기술 중심의 연구개발, 과학기술자에 대한 경직된 고용 시장 등이 복합적으로 작용한 결과이다.

[그림-26] 주요 국가의 인구 10,000명당 연구개발 인력 고용 비율

(단위: 명)

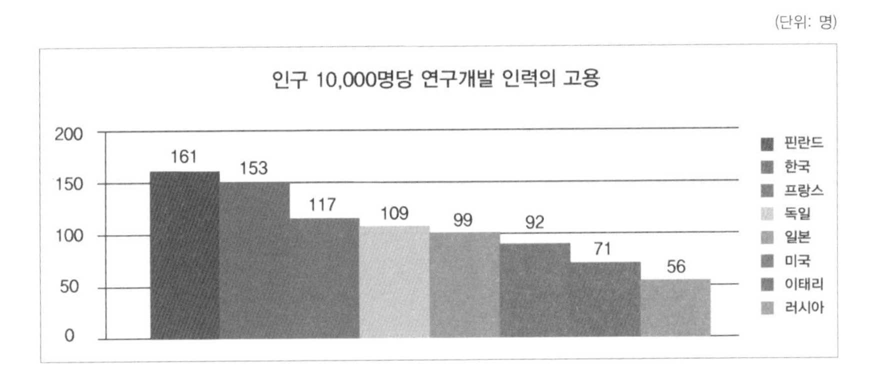

출처: HSE(2019), Science and Technology Indicator in Russian Federation

위의 그림은 2019년 기준 연구개발 인력의 고용률을 보여주는 것으로, 주요 선진국 중 핀란드, 한국, 프랑스, 독일 등은 인구 10,000명 중 약 100명 이상이 과학기술자로서 직업을 가지고 있는 반면, 러시아는 한국의 1/3수준으로 인구 10,000명당 약 56명이 과학기술자로 직업

을 가지고 있음을 보여주고 있다. 이처럼 러시아는 과학기술자로서의 직업을 선택하려는 선호도도 낮지만, 설령 과학기술자가 되고 나면 다른 직종으로의 이직이 어려운 상황이다.

물론 이러한 상황은 러시아 과학기술자 스스로에게도 책임이 있다고 할 수 있다. 러시아 과학기술자들은 구소련 시대와 같이 성과와 상관없이 영구적으로 임금이 지급되어야 한다는 생각을 가지고 있었고 과학기술 영역의 개혁과 개편에 반대하였다. 과학기술자들은 변화하는 환경에도 불구하고 자신의 연구주제를 변경하지 않으려 하였고, 권위주의적이고 계층화된 신분 구조를 형성하였으며 고위직에게만 연구실 설치를 허용하는 관행을 고수하였다. 과학기술자들은 전통적인 연구 분야에 매몰되고 고착화된 연구 행태에 익숙해져 갔는데, 이러한 행태가 역설적으로 물리학, 천체학, 화학, 수학 등 기초과학이 발달한 배경으로 제시되고 있다.

우리나라는 높은 과학기술 투자가 이뤄지고 상대적으로 사회적 대우가 낮지 않으며, 신진 과학기술자를 육성하는 지원 프로그램이나 장학제도도 많이 운영하고 있다. 다만, 정부 정책이나 제도에도 불구하고 인구 감소는 향후 과학기술자의 자연 감소로 이어질 것이고, 국가 경쟁력 하락으로 직결될 것이다.

[표-35] 우리나라의 2010~2022년까지 인구 성장률 추이

(단위: %)

	2010	2012	2014	2016	2018	2020	2022
인구성장률	0.5	0.53	0.63	0.4	0.43	0.14	-0.23

출처: 통계청, 「인구총조사」, 「장래인구추계」

사회 구조적으로 혹은 인위적 선택에 의해 과학기술자라는 직종이 외면받는 러시아 사회보다 우리나라처럼 자연적으로 인구 감소에 의한 과학기술자 감소는 해결 방안을 찾기가 더욱 복잡하다. 교육, 주택, 소득, 인식의 변화 등 사회 전반의 다양한 요인이 상호 긍정적으로 작동해야만 인구 증가로 전환할 수 있기 때문이다.

다만, 자연 인구 감소가 단기적으로 해결되지 않는 상황에서 대안으로 고민할 점은 해외 두뇌 유입과 국내 정착 제도 마련이다. 실제로 2017년부터 2019년까지 국내 박사학위 취득 외국인 유학생 중 42%가 국내 취업을 선택한 점[53]은 최근 인공지능이나 자율주행과 같은 첨단기술의 인력 공급 부족을 호소하는 국내 과학기술계에 새로운 대안을 제시해 준다.

53) https://it.donga.com/102288/

5. 두뇌 유출 대응 방안 마련

전문성과 경험을 보유한 러시아 과학기술자들의 해외 이주, 즉 두뇌 유출은 고질적인 사회문제이다. 신진 과학기술자 육성이 국내에서 인재를 발굴하여 연구인력으로 양성하는 것을 의미한다면, 두뇌 유출은 국내에서 육성된 우수 인력이 해외로 이주하여 연구 활동을 수행하는 것을 의미한다. 물론 해외로 이주하여 우수한 연구환경과 보상을 제공받으면서 연구 활동에 매진하는 것은 개인의 선택이고, 과학기술의 혜택이 국제사회에 공유된다는 점에서 긍정적일 수 있다. 다만, 국가 차원에서는 막대한 재정과 인력의 손실이며, 미래 성장에도 영향을 준다는 점에서 긍정적일 수만은 없다.

이러한 이유로, 주요 국가들은 해외에 유출된 인재를 국내로 귀국시키고 동시에 해외의 인재를 유입하려는 다양한 프로그램을 운영하고 있다. 예컨대 중국은 해외의 자국 과학기술 인력 7,000여 명에 대해 파격적인 급여와 혜택을 제공하여 귀국을 유도하는 천인계획을 운영하고 있으며, 일본과 독일은 외국인 과학기술자들의 유치 프로그램을 통해 경력별로 차별화된 대우를 제공하고 있다(한국과학기술기획평가원, 2019).

2008년부터 2022년까지 Globaleconomy에서는 국제기구와 공신력 있는 자료를 정리하여 매년 두뇌 유출 순위를 공개하고 있다. 1위는 가장 두뇌 유출이 많은 국가를 의미하고 낮은 순위로 갈수록 두뇌 유출이 적은 국가를 보여준다. 2022년 전 세계 177개국을 대상으로 한 두뇌 유출 순위에 있어 최하위, 즉 두뇌 유출이 가장 적은 국가는 호주(177위)였으며 176위가 스웨덴, 175위가 노르웨이로 나타났다. 아래의 표는 2008년부터 2022년까지 한국과 러시아의 두뇌 유출 순위를 보여준다.

[표-36] 2008~2022년 한국과 러시아의 두뇌 유출 순위

(단위: 위)

	2008	2010	2012	2014	2016	2018	2020	2022
러시아	74	94	100	116	124	140	146	142
한국	109	126	133	140	136	141	144	143

출처: https://www.theglobaleconomy.com/rankings/human_flight_brain_drain_index/

상기 표를 살펴보면, 2008년부터 2018년까지 두뇌 유출 측면에서 러시아보다 월등히 우수하였던 우리나라가 2018년부터는 러시아와 유사하거나 혹은 낮은 수준을 보여주었다. 이는 우리나라 역시 두뇌 유출이라는 사회적 문제에 예외가 아니라는 것을 의미한다. 한국과학기술기획평가원에서 2019년에 해외에서 활동하는 한국 과학기술자 19,000명을 대상으로 벌인 조사에 의하면 교수진 연구 수준, 경제적 지원, 연구 문화 및 환경이 해외로 이주한 배경이라고 설명하였고, 박

사과정생의 36.3%가 귀국을 예정하는 반면, 63.7%는 귀국 의사가 없거나 불명확하다고 응답하였다.

이를 종합하면, 우리나라의 두뇌 유출 배경과 현황이 러시아와 크게 다르지 않다는 것을 알 수 있다. 물론 우리나라의 첨단 장비나 시설적인 측면은 러시아보다는 연구환경 차원에서 우수할 수 있으나 기술 선진국의 경우와 비교하면 여전히 낮다고 인식하는 것으로 판단된다. 또한, 연구의 자율성이 과거보다는 많이 개선되었다고 하더라도 대학 재정 상황이나 연구실 운영을 위해서는 외부 재원에 의존해야 하는 국내 현실은 기술 선진국을 선호하는 배경으로 작용하는 것으로 보인다.

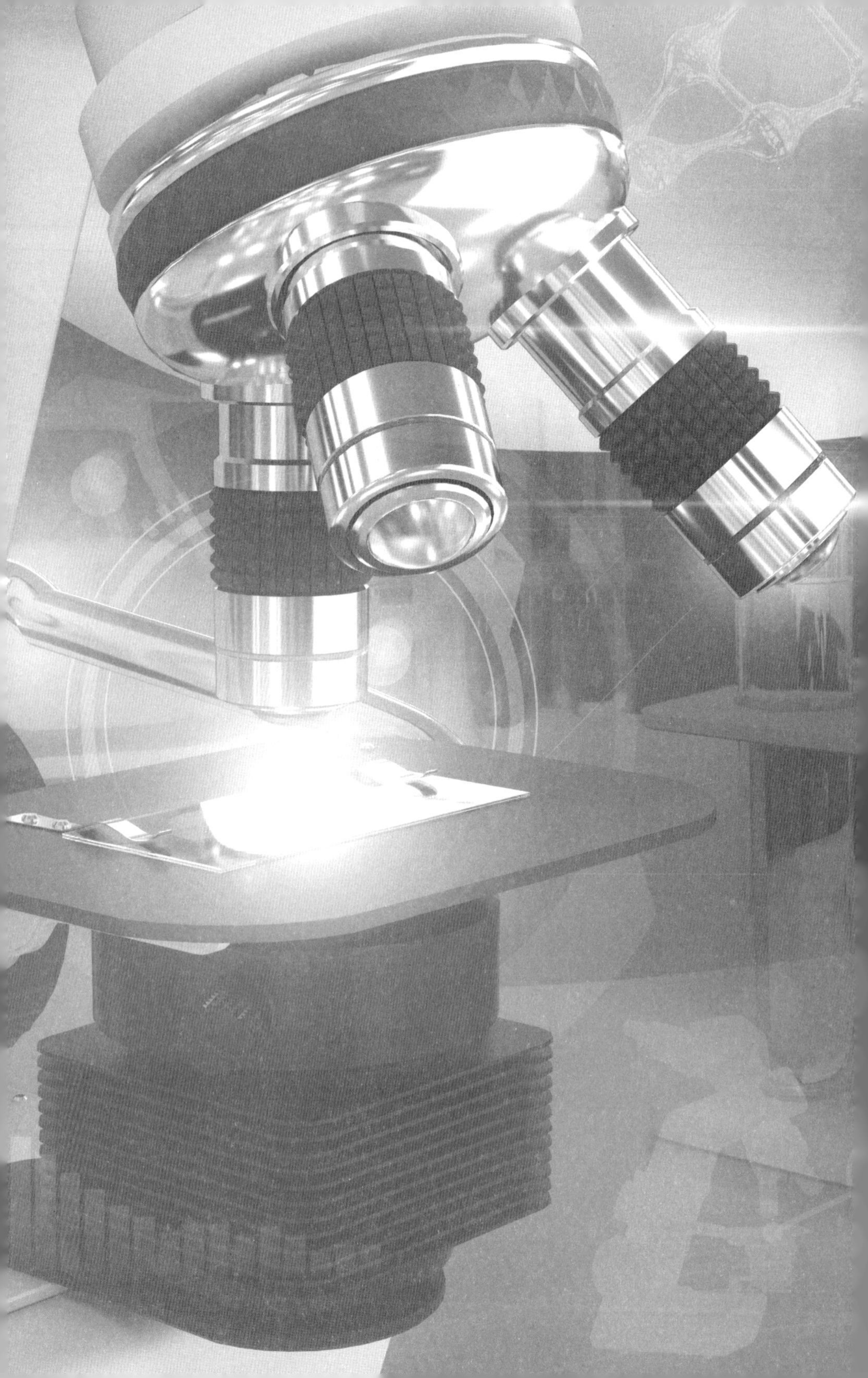

제8장

결 어

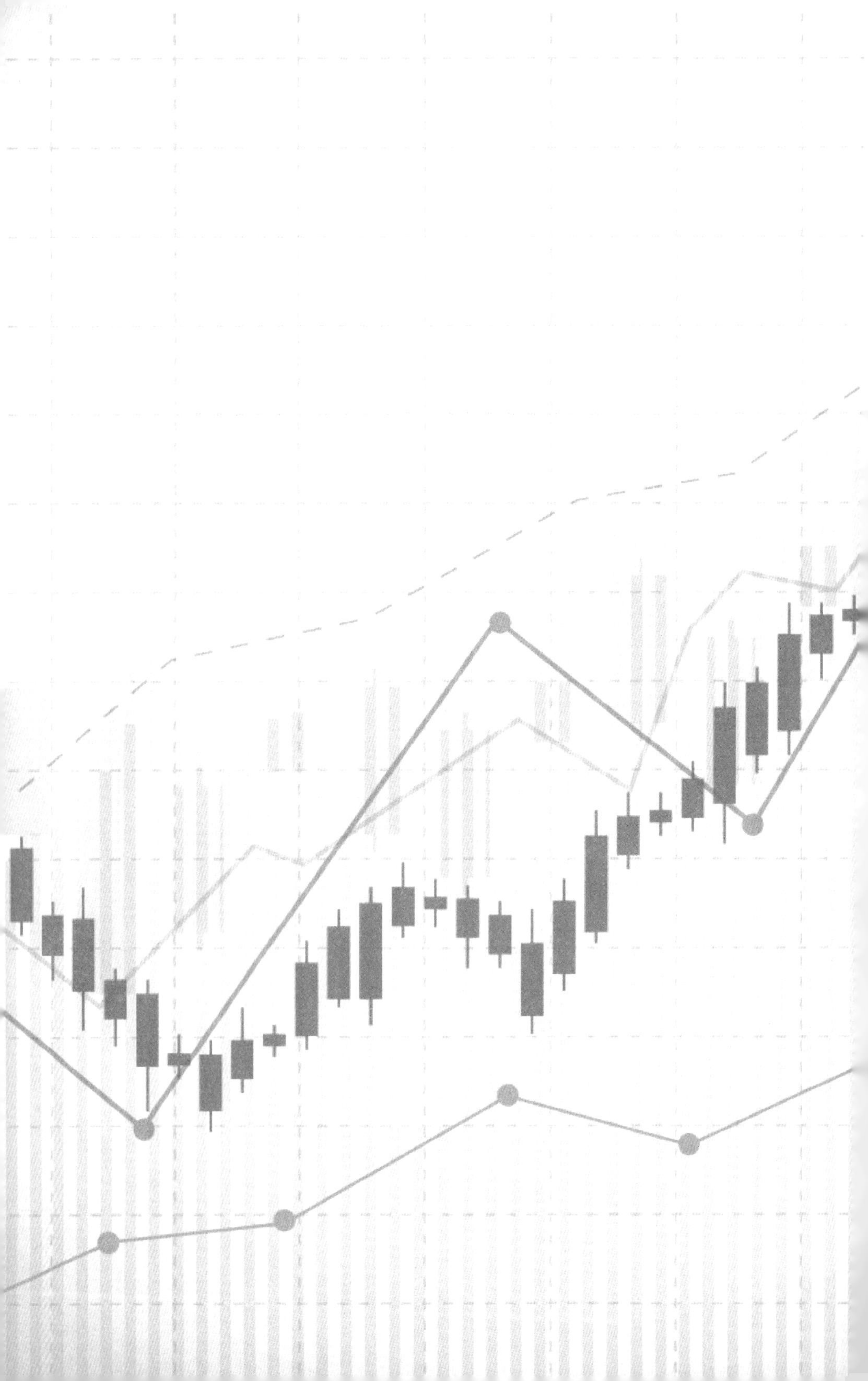

한 나라의 과학기술을 살펴보기 위해서는 사회 속의 다양한 요인과 환경적 맥락(context)을 종합적으로 고려해야 한다는 전제하에, 러시아 과학기술을 이해하기 위해 이념, 경제, 정책, 사회적 인식, 처우 등 다양한 요인을 살펴보았다[54][55].

---

54) 과학기술이 일방적으로 사회에 영향을 준다는 기술결정주의적 접근은 한 나라의 과학기술을 설명하는 데에는 한계가 있다. 오히려 과학기술은 사회를 변화시키기도 하고 사회에 의해 영향을 받기도 한다는 사회기술시스템적 시각이 훨씬 유용한 접근방법이 될 것이다.

55) Callon(2003)은 과학기술과 사회 간의 구분을 비판하면서 이러한 구분이 과학자들과 사회학자들 간의 인식론적 차이에 기반한다고 설명한다.

냉전체제의 군비경쟁은 러시아 국방 분야의 기술 개발을 정책의 우선순위로 설정함으로써 과학기술 중 항공우주나 원자력 분야의 역량을 강화하게 된 배경이 되었고, 약 300년 전에 설립되어 운영되어 온 러시아 과학학술원의 전통과 축적된 역량은 현재의 러시아 기초과학 수준을 유지하게 해주었다.

소련이 붕괴된 이후, 러시아는 표면적으로 새로운 환경 변화에 대한 체제 전환과 제도 개선을 희망하면서도 사회 기저는 여전히 과거의 전통을 유지하였고, 심지어 과거로의 회귀를 염원하고 있었다. 과거 냉전 시대에 주변 국가들을 소련 연방으로 편입하여 막강한 군사력과 정치 연합체를 형성하였던 경험은 현재 러시아의 대외정치와 군사전략에도 작동하고 있다. Rand(2022) 보고서에 제시된 것처럼 러시아 국력의 기반은 역사적 기억(historical memory), 다시 말해 러시아 노스탤지어가 작용한 결과라는 주장은 이러한 면에서 타당하다고 할 수 있다.

현대 국가는 상호 긴밀히 연결되어 있기 때문에 특히 경제 영역은 대외적 충격에 매우 민감하게 작동한다. 시장경제 체제 도입 과정에서 나타난 자본주의 시스템과 금융 위기와 같은 대외적 충격은 러시아 사회에 혼란을 가중시켰다. 러시아는 구소련 체제가 붕괴된 1991~1994년과 1998~1999년의 금융위기를 거친 이후 구소련 수준으로 경제를 회복하기까지 약 15년이 소요되었고, 그마저도 2000년 초반의 유가 상승 덕분에 회복 시기를 단축할 수 있었다. 이후 러시아는 2008~2009년의 금융위기와 2014년 크림반도 병합에 따른 서방의 경제 제재를 겪으면서 경제 위기에 효과적인 정책을 중심으로 내부 시스템을 구축하였다(Dabrowski, 2022). 빈번한 대외적 충격에 대응하는 과정에서 총체적인 경제구조의 개편, 투명한 의사결정 시스템, 정책의 예측 가능성은 더욱 어려워졌고 기존의 정책과 관행은 고착화되어 갔다.

1990년대 국유자산의 사유화 과정에서 나타난 신흥 재벌 세력인 올리히가르의 독점적인 부의 소유는 시간이 경과하면서 더욱 심화되었고 부의 불평등한 분배는 강화되어 갔다. 2000년 중반 재정 상황이 개선되었다고 할지라도 사회 전반에 만연한 부정한 로비와 불투명한 정책 결정 과정은 과학기술에 대한 투자 증대를 어렵게 하였다. 특히, 러시아에 있어서 과학기술은 민간이 아닌 국가 영역에 속하다 보니 정부 정책과 재정 지원에 전적으로 의존할 수밖에 없는 구조였고, 정부의 정책 우선순위에 따라 연구환경이 변화할 수밖에 없었다.

[표-37] 주요 국가별 민간 영역의 연구개발투자 비중

(단위: %)

	2014	2016	2018	2020
OECD 평균	61.26	62.58	63.27	63.81
한국	75.33	75.42	76.64	76.57
미국	61.94	64.03	64.00	66.23
러시아	27.07	28.11	29.49	29.23

출처: https://stats.oecd.org/Index.aspx?DataSetCode=GERD_TORD#

상기 표는 주요 국가의 과학기술에 대한 민간 영역의 투자 비율을 보여주는데, 2020년 기준으로 러시아의 연구개발비 중 민간 영역 투자가 29.23%로 나타난 것은 OECD 평균 이하의 수준이라고 할 수 있다. 민간의 연구개발 투자가 어려운 것은 러시아 과학기술 태생이 군사기술에 기반을 둠에 따라 민간이 과학기술을 기반으로 사업화로 연계하는 데에 있어 제도적 장애가 크다는 점과 러시아 기술혁신 생태계가 구축되지 않았음을 의미한다. 이처럼 공공 주도의 러시아 과학기술은 경쟁력 하락과 투자 대비 생산성 저조로 나타날 수밖에 없었다.

소련 붕괴 이후의 사회적 혼란은 높은 사회적 지위와 평균 이상의 경제적 처우를 보장받던 과학기술자의 삶에도 영향을 주었다. 과학기술의 투자는 단기간의 성과로 연계되지 않는 복잡하고 다변적인 특징을 가지고 있고, 사회와 의도적인 거리 두기를 하려는 과학기술의 내재적 특성으로 인해 러시아의 과학기술은 사회로부터 외면받게 되었고, 경제 침체와 맞물리면서 국가 투자에 있어 우선순위에서 더욱 밀려나게 되었다. 러시아 과학기술자들의 임금이 국가에 의해 책정되는 현실에서, 국가의 연구개발비 투자의 감소는 곧 임금 하락과 연구 환경의 질적 저하를 의미했다.

1990년대 이후 지금까지 지속된 두뇌 유출은 국가의 새로운 성장동력을 부식시키고 국가 잠재력 저하로 이어지기 때문에, 2000년에 집권한 푸틴 정부에서는 지금까지 해외에서 활동하는 우수한 러시아 과학기술자를 다시 유입하기 위한 다양한 정책과 프로그램을 제시하여 왔다. 그러나 두뇌 유출을 방지하는 것보다 해외로 유출된 과학기술자를 국내로 회귀시키는 것은 더 많은 사회적 노력과 정책 수단이 필요하다. 해외의 첨단 연구시설, 자유로운 연구환경, 연구를 위한 풍부한 재원, 과학기술자에 대한 사회적 인식 등에 익숙해진 과학기술자에게는 그 이상의 환경과 조건이 제공되어야 국내 귀국을 결심할 수 있기 때문이다. 실제로 Rutgers 대학에서 연구 활동을 수행하다가 러시아로 귀국을 결심한 분자생물학자 Konstantin Severinov는 러시아의 과학기술 상황은 물 없는 수영장에서 수영하는 것과 같다(swimming in a pool without water)고 설명한 바 있다[56].

2022년 우크라이나와의 전쟁은 국제 정치적 긴장 관계가 무력 충돌로 이어지고 서방의 경제 제재가 수반되었다는 점에서 2014년 크림반도 병합과 유사한 형태를 보일 수 있으나 서방 제재의 범위와 정도에 있어서 과거와는 다른 양상을 보일 것이 예상된다. 또한, 2020년 발병한 코로나 팬데믹과 심화되는 기후변화 문제 및 글로벌 기술 패권 경쟁 등은 러시아가 과거 위기를 직면할 때 활용했던 대응책으로는 한계를 보일 것이 분명하다.

56) https://www.nature.com/articles/537S10a

따라서 2022년에 발발한 우크라이나와의 전쟁 종전을 기점으로 러시아 과학기술은 새로운 분기점을 맞이할 것이다. 러시아 과학기술에 있어 새로운 분기점이 될 것이다. 과거와 유사한 대응책으로 내부 시스템을 공고히 하고자 한다면 소위 기억의 정치(Politics of Memory)에 매몰되어 과거의 시행착오를 반복하게 될 것이다(Darczewska, 2019). 과학기술자들은 지속적으로 감소할 것이고, 과학기술에 기반한 혁신 역량은 퇴보해 갈 것이다. 과학기술이 혁신으로 연계되는 생태계 조성은 한계에 도달하고 자원 의존형 경제구조는 더욱 심화되어 갈 것이다. 그나마 전통적 강점 기술인 물리, 화학, 수학 등 기초과학을 기반으로 군사기술 영역에서 과거의 위상을 유지해 갈 수 있을 것이다. 이러한 점에서 최근 러시아 고등경제대학교(HSE)가 서방의 경제 제재에 대응하기 위해 30년 전의 계획 경제를 정식 학과로 개설한다는 계획[57]은 여전히 과거에 매몰되어 간다는 우려를 증폭시키고 과학기술의 전망을 어둡게 한다.

반면, 대외적 충격의 경험을 바탕으로 소위 미래의 정치(Politics of Future)에 기반하여 국가 차원의 총체적인 개혁과 쇄신이 추진된다면 러시아 과학기술은 전혀 새로운 역사를 장식할 수 있다. 러시아 노스탤지어가 경제적 위기와 서방 제재에 강하게 작용한다는 점은 러시아로 하여금 국제사회에서 국제 정치를 효과적으로 발휘하여야 하고, 경

57) https://panorama.pub/news/vse-otkroet-fakultet-planovoj-ekonomiki

제구조 개편이 필요함을 방증하는 것이다.

러시아 과학학술원의 한 과학자는 과학 없는 러시아는 파이프(자원)에 불과하다(Russia without science is just a pipe)면서 자원의존형 국가를 탈피하여 과학기술에 기반한 국가 성장을 주장한 바 있다. 특히, 과학기술자의 감소는 미래 국가의 성장 동력과도 연결되는 만큼, 사회의 다양한 요인을 개선하기 위한 노력이 수반되어야 할 것이다. 2020년을 기준으로 핀란드나 한국 등 주요 기술 선진국의 인구 대비 과학기술인력 비율이 러시아보다 3배 높다는 점을 고려해 볼 때 향후 러시아의 과학기술을 진흥하기 위해서는 과학기술인력 양성이 시급한 과제 중 하나임을 시사한다.

미래는 예측하기 어려우나 만들어 갈 수는 있다. 러시아가 지금껏 보여준 우수한 기초 및 원천 과학기술 역량을 바탕으로, 과학기술 중심 국가로 국가 체제를 전반적으로 개편해 간다면 구소련에 대한 동경인 러시아 노스탤지어는 역사적 유물로만 기억될 것이다. 러시아가 기억의 정치를 선택할지 혹은 미래의 정치를 선택할지에 따라 러시아 과학기술의 운명이 달려있다.

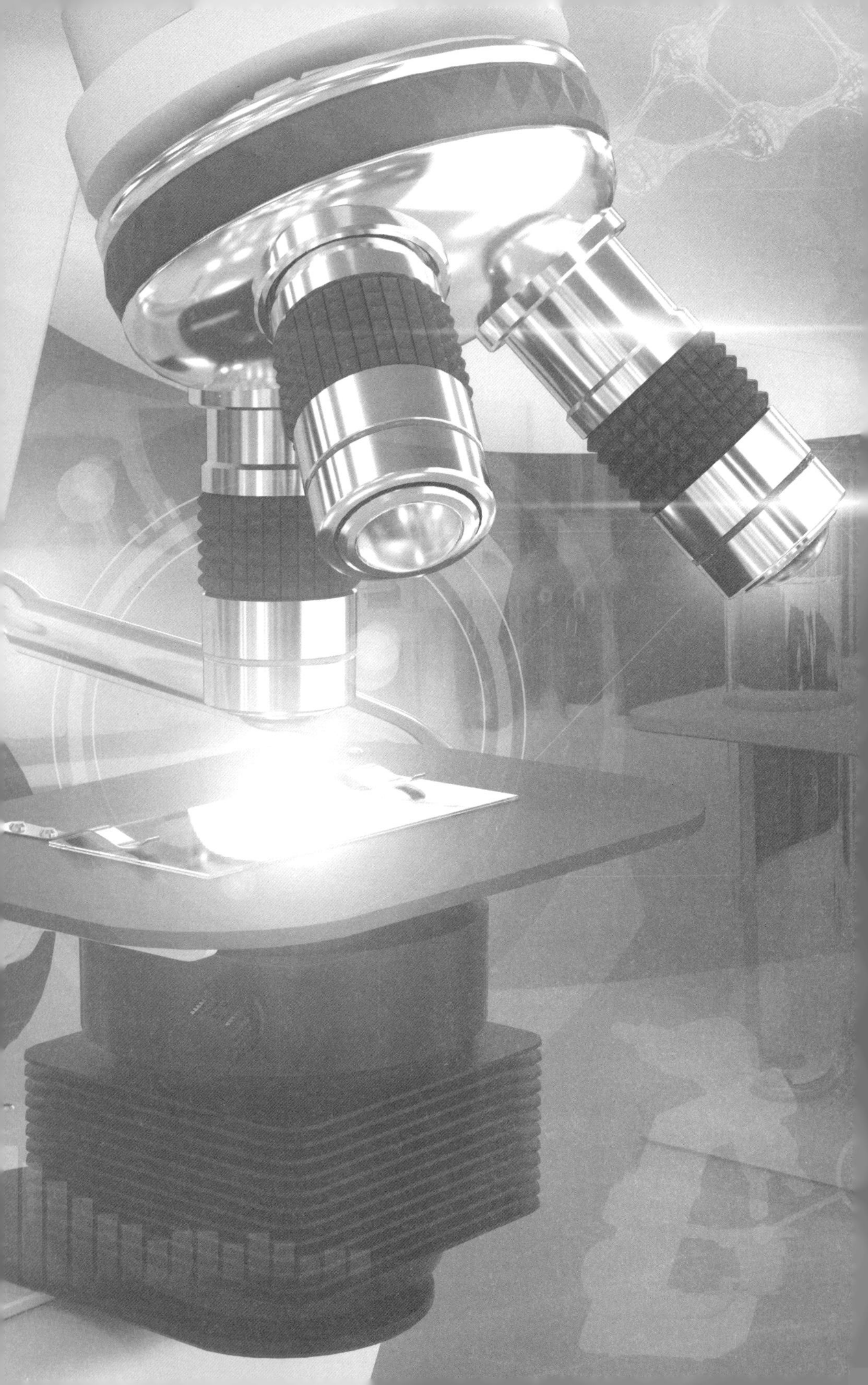

참고 문헌

- Callon, M and Rabeharisoa, V.(2003), Research in the wild and the shaping of new social identities, Technology in Society 25: pp193~204

- Dabrowski, Marek(2022), Thirty years of economic transition in the former Soviet Union: Macroeconomic dimension, Russian Journal of Economics 8(2): 95~121

- Darczewska, Jolanta(2019), The history and politics of the russian federation, Centre for Eastern Studies, Warsaw, Poland

- Dezhina, I. (1995), The financial support of basic research by Russian Government, Vestnik RFFI, Vol. 3

- European Commission(2014), Public Opinion on future innovations, science and technology, Brussels

- European Commission(2018), EPRS

- European Union(2022), Human development in Putin's Russia, Briefing, European Parliamentary Research Service

- Firsov, B.M. (1998). Vosproizvodstvo nauchnoi elity [Reproduction of the scientific elite', Sotsiologicheskii zhurnal [Sociological Journal] 1/2, 5-14.

- HSE(2017), Science and Technology Indicators in the Russian Federation: Data book. National Research University Higher

School of Economics: Moscow.

- HSE(2019), Science and Technology Indicators in the Russian Federation: Data book. National Research University Higher School of Economics: Moscow.
- HSE(2000), Russian Statistics Yearbook, National Research University Higher School of Economics: Moscow.
- Huisman, J., Smolentseva, A. and I. Froumin (2018), 25 years of transformations of HE in post-Soviet countries. Reform and continuity. Cham: Palgrave Macmillan
- Izyumov, A. (2010), Human Costs of Post-communist Transition: Public Policies and Private Response. Review of Social Economy 68 (1): pp 93125
- Klochikhin, Evgeny(2012), Russia's innovation policy: Stubborn path-dependencies and new approaches, Research Policy 41(9): pp 1620~1630
- Korol'kov, V. (2000). 'Kadrovaya situatsia v vysshei shkole: tendentsii i problemy [Academic staff in higher education: Current tendencies and problems]', Vysshee obrazovanie v Rossii [Higher Education in Russia] 6, pp 7-19
- Kosyakova, Denis and Guskov, Andrey(2019), Research assessment and evaluation in Russian fundamental science,

Procedia Computer Science 146: 11-19

■ Kuznetsov, Yevgeny(2013), How can talent abroad induce development at Homc? Towards a Pragmatic Diaspora Agenda, Washington, DC: Migration Policy Institute

■ Lankina, Tomila(2009), Regional Developments in Russia: Territorial Fragmentation in a Consolidating Authoritarian State, Social Research: An International Quarterly 76 (1): pp 225-256

■ Lev Gudkov et al.(2000), Generation Z: Young people of the Putin era, Vestnik obshchestvennogo mneniya 12: 21121

■ Munro, Neil(2013), Russia's Persistent Communist Legacy: Nostalgia, Reaction, and Reactionary Expectations, Post-Soviet Affairs, Volume 22(4): 289-313

■ Nauka Rossii (1995), statisticheskii sbornik 1994, Research in Russia: statistical yearbook 1994, Moscow: TsISN.

■ Natalia K Alimova & Yuriy M Brumshteyn(2020), Russia and post-Soviet countries compared: coverage of papers by Scopus and Web of Science, languages, and productivity of researchers. European Science, DOI: 10.3897/ese.2020.e5319

■ Nitsevich, Moiseev, Sudorgin and Stroev (2019), Why Russia Cannot Become the Country of Prosperity, International science and technology conference, IOP Conference Series: Earth and

Environmental Science 272

- NSB(2017), National Science Board Science & Engineering Indicators, US

- NSB(2022), National Science Board Science & Engineering Indicators, US

- OECD(2019), PISA 2018 Results (Volume I): What Students Know and Can Do, PISA, OECD Publishing, Paris, https://doi.org/10.1787/5f07c754-en

- Otto Boele, Boris Noordenbos, Ksenia Robbe(2019), Post-Soviet Nostalgia: Confronting the Empire's Legacies, Routledge studies in cultural history, Taylor & Francis Group, ISBN 0429318936

- Paul-Hus, A., Bouvier, R.L., Ni, C. et al.(2015), Forty years of gender disparities in Russian science: a historical bibliometric analysis. Scientometrics 102, pp 15411553. https://doi.org/10.1007/s11192-014-1386-4

- Radayev, Vadim(2018), Millennials compared to previous generations: An empirical analysis, Sociological Studies 3: pp1533

- RAND(2022), Russian Military Forecasting and Analysis, Rand Corporation, Santa Monica, California, ISBN: 978-1-9774-0674-3

- Schiermeier, Q. & Severinov, K (2010), Russia woos lost scientists.

Nature 465, https://doi.org/10.1038/465858a

- Smolentseva, Anna(2003), Challenge to the Russian Academic Profession, Higher Education 45: pp 391-424

- Vadim Radayev(2018), Millennials compared to previous generations: An empirical analysis, Sociological Studies 3: 1533

- VCIOM (2018), Higher education: the path to success or a waste of time and money? (in Russian). All-Russian Public Opinion Centre: Moscow.

- Velikonja, Mitja(2009), Lost in Transition: Nostalgia for Socialism in Post-socialist Countries, East European Politics and Societies: and Cultures, Vol 23(4)

- White, D. (2018). State capacity and regime resilience in Putin's Russia. International Political Science Review, 39(1), 130143. https://doi.org/10.1177/0192512117694481

- White, Stephen(2010), Soviet nostalgia and Russian politics, Journal of Eurasian Studies 1: 1-9

- World Bank(2014), Russia Economic Report: Confidence Crisis Exposes Economic Weakness, The World Bank Russian Foundation, 31

- Yegorov, Igor(2009), Post-Soviet science: Difficulties in the transformation of the R&D systems in Russia and Ukraine, Research Policy, Volume 38(4): 600-609

- Yevgeny Kuznetsov(2013), How Can Talent Abroad Induce Development at Home? Towards a Pragmatic Diaspora Agenda. Washington, DC: Migration Policy Institute

- Зборовский Г. Е. и Е. А. Широкова.(2001), Социальная носта льгия: к исследованию феномена, СоцИс No. 8. С. 34

- 김용환(1996), 러시아: 스탈린의 유산과 러시아 과학기술혁신의 한계, 한국과학기술연구원 과학기술정책동향 83: pp7~10

- 김용호, 김윤호(2021), 한국인의 아시아 인식: 동북아에서 동남아로 인식의 지평 확대, 서울대학교 아시아연구소 2(2)

- 김태희(2019), 러시아 과학기술 현황과 전망에 대한 연구: 역사적 제도주의 접근을 중심으로, 러시아학 18: pp177~212

- 김태희(2017), 사회 속 과학의 실현 방안: 과학에 대한 사회 참여 평가의 적용가능성을 중심으로, 과학기술학연구 17(2): pp174-214

- 이문영(2011), 탈사회주의 국가의 사회주의 노스탤지어 비교 연구- 러시아의 소비에트 노스탤지어와 독일 오스탤지를 중심으로, 슬라브학보 26(2): pp151-180

- 한국과학기술기획평가원(2019), 재외한인과학기술인의 해외 유출입 인식 조사

- 한국연구재단(2021), 2020 대학 산학협력활동 조사보고서

러시아 과학기술의 이해

기억과 미래의 선택

펴 낸 날 2023년 2월 6일

지 은 이 김태희
펴 낸 이 이기성
편집팀장 이윤숙
기획편집 이지희, 윤가영, 서해주
표지디자인 이지희
책임마케팅 강보현, 김성욱
펴 낸 곳 도서출판 생각나눔
출판등록 제 2018-000288호
주 소 서울 잔다리로7안길 22, 태성빌딩 3층
전 화 02-325-5100
팩 스 02-325-5101
홈페이지 www.생각나눔.kr
이 메 일 bookmain@think-book.com

• 책값은 표지 뒷면에 표기되어 있습니다.
ISBN 979-11-7048-520-9(93400)